二狗妈妈的小厨房之

中式面食

乖乖与臭臭的妈 编著

辽宁科学技术出版社
·沈阳·

图书在版编目（CIP）数据

二狗妈妈的小厨房之中式面食／乖乖与臭臭的妈编著.
—沈阳：辽宁科学技术出版社，2017.1（2017.7重印）
ISBN 978-7-5591-0020-7

Ⅰ. ①二…　Ⅱ. ①乖…　Ⅲ. ①面食—制作—中国
Ⅳ. ①TS972.132

中国版本图书馆CIP数据核字（2016）第285398号

出版发行：辽宁科学技术出版社
（地址：沈阳市和平区十一纬路25号　邮编：110003）
印 刷 者：沈阳市精华印刷有限公司
经 销 者：各地新华书店
幅面尺寸：170 mm × 240 mm
印　　张：15
字　　数：300 千字
出版时间：2017 年 1 月第 1 版
印刷时间：2017 年 7 月第 5 次印刷
责任编辑：卢山秀
封面设计：魔杰设计
版式设计：晓　娜
责任校对：栗　勇

书　　号：ISBN 978-7-5591-0020-7
定　　价：49.80 元

您好！无论您出于什么原因，打开了这本书，
我都想对您说一声
谢谢！

写给您的一封信

翻开此书的您：

我常常自称“半吊子”，因为从来没有参加过正规培训，也没有接触过专业老师。我在微博上分享的每一道食物方子，都是在实操过程中，自己慢慢摸索出来的。分享到微博上，初衷是为了记录自己的成长，没想到会有很多朋友非常喜欢。转眼间，微博已开通4年，积累的方子越来越多，很多朋友鼓励我把方子整理出来出书，可以分享给更多热爱美食的人。就我这“半吊子”水平，可以出书吗？我写的书会有人看吗？怀着非常忐忑的心情，我开始了“二狗妈妈的小厨房”丛书的准备。

这本中式面食，承载了我太多小时候的回忆。做馒头时，会想到妈妈揉着面的双手；做面条时，会想到妈妈滚动着的擀面杖；做饺子时，还会想到妈妈叮嘱的“饺子不要样儿，来回捏三趟”……

长大了，来到北京，嫁人了，离父母也更远了。妈妈和大姐教给我的那些面食手艺，我一直都记得，加上先生一家爱吃面食，于是，就开始了各种琢磨，让我又惊喜又有成就感的是，做出来的面食家人都很喜欢……

怀着对中式面食深深的情感，我准备这本书的整个过程都是温暖的、快乐的。翻开此书的您，是否也感受到了呢？

本书包含了107种中式面食的制作过程，分为馒头，卷，饼，包子，饺子、馄饨、锅贴，发糕，面条和其他共8个种类。只要跟着图片和说明，一步一步来，您也可以和我一样，做出色香味俱全的中式面食。相信我，真的不难，因为难度大的我也不会……

我是上班族，只能在下班后和周末才有时间，而且条件有限，做出的成品只能在摄影灯箱里拍摄，如果您觉得成品的图片不够漂亮，还请您多原谅！本书所有图片均由我先生全程拍摄，个中辛苦只有我最懂得。关键是，他之前从来没有拿过单反相机呀。衷心感谢先生的全力支持和默默付出！

感谢辽宁科学技术出版社，谢谢你们这么信任我，让我这个非专业人士完成了出书的梦想，感谢每一位参与“二狗妈妈的小厨房”丛书的工作人员。

感谢所有爱我的人，包括我的领导、同事、朋友、邻居、粉丝，还有家人，没有你们的关爱和支持，就没有这套书的诞生。你们给予我的鼓励，让我有了前进的勇气；你们给予我的支持，让我有了努力的动力。尤其是我的家人，毫无保留地支持我，公婆不让我们过去探望，父亲生病住院不告诉我，都是怕影响书的制作进度……这就是最亲最亲的人，最爱最爱我的人呀！

最后，我想说，“二狗妈妈的小厨房”丛书承载了太多太多的爱，单凭我一个人是绝对不可能完成的。感谢、感恩已不足以表达我的心情，只有把最真诚的祝福送给您！

祝您健康！快乐！幸福！平安！

乖乖与臭臭的妈：王银霞

2016年岁末

目录

ZHONGSHIMIANSHI
中式面食

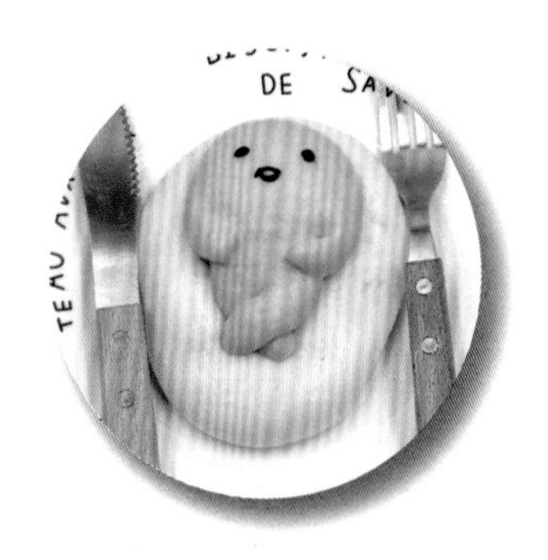

ZHONGSHIMIANSHI
中式面食

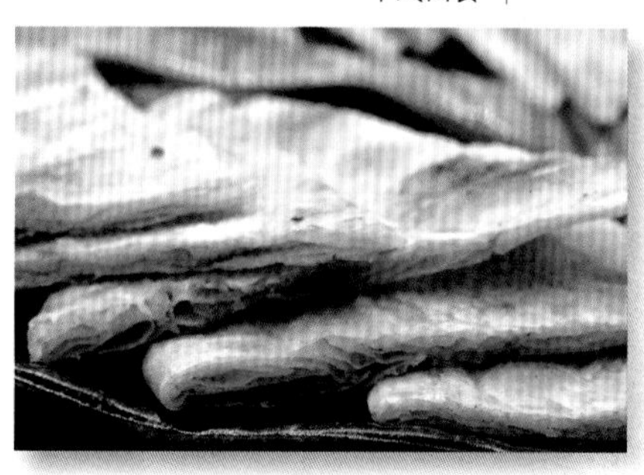

CHAPTER 6　发糕

CHAPTER 7　面条

ZHONGSHIMIANSHI
中式面食

CHAPTER 8　其他

CHAPTER

1

馒头

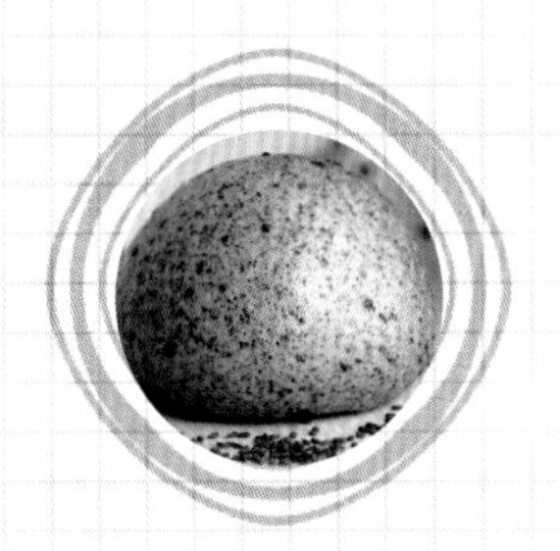

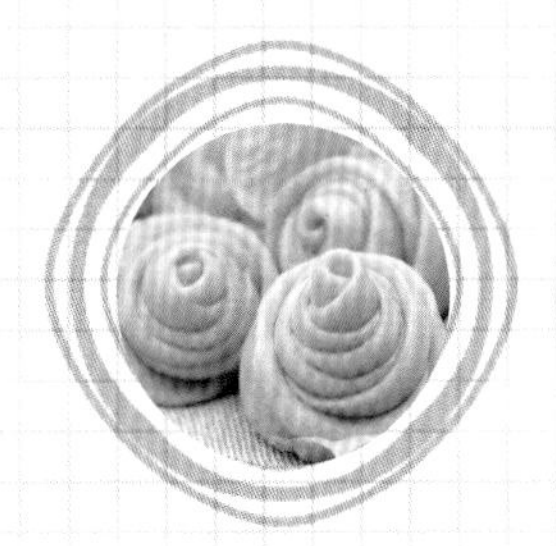

馒头，我们老家也叫馍，是北方人最重要的主食之一。

本章节里的馒头，有您常见的白馒头，也有添加了杂粮或者蔬果泥的馒头；有您常见的圆形，也有变了花样的形状，更有您想不到的卡通样子，一个个萌得不得了，这不是把普通的馒头变成了哄娃娃多吃主食的利器了吗？

那这些五颜六色的花样馒头不会用了色素吧？不会的，给娃娃吃，咱就要想办法用天然色素：黄色，是南瓜泥；紫色，是紫薯泥；绿色，是抹茶粉；黑色，是可可粉；红色，是红曲粉哟！

YOUJIAOJINDEDAMANTOU

有嚼劲的大馒头

小时候，只要妈妈一蒸馒头，我就会守在炉子前面，刚出锅的大馒头，很烫，我却硬忍着抓一个直接送到嘴里，香得不得了，要是妈妈再给弄一点香油拌盐，就像过年一样，高兴得要飞起来……

◎ 原料 YUANLIAO

水 150 克
酵母 3 克
中筋面粉 300 克

二狗妈妈碎碎念

1. 每块面团揉进去多少干面粉要视情况而定，如果多揉进一些，那馒头就会更有嚼劲儿。
2. 关火后一定不要着急开锅盖，不然冷空气突然进入，馒头会皱皮塌皮哟。
3. 馒头整形后，夏天，需要静置 15 分钟再开火蒸；冬天，需要静置 20 分钟再开火蒸。

◎ 做法 ZUOFA

1. 150 克水加 3 克酵母搅拌均匀。

2. 加入 300 克中筋面粉。

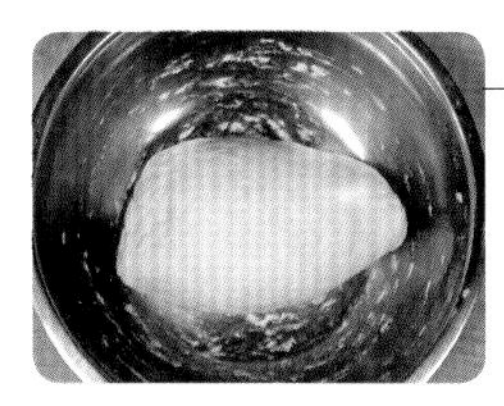

3. 揉成面团（觉得硬不好揉可以把面絮倒在案板上揉）。盖好，放温暖地方发酵约 60 分钟。

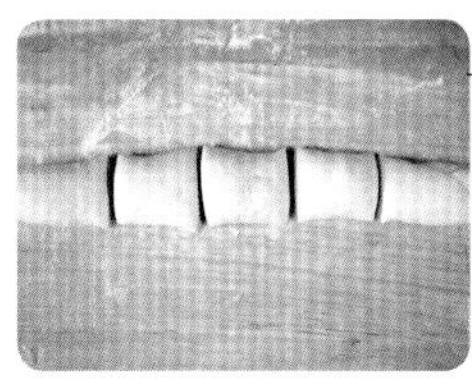

4. 案板上撒面粉，把面团放案板上揉匀搓长，分成 5 份。

5. 取一块面团，旁边抓一小把面粉（六七克）。

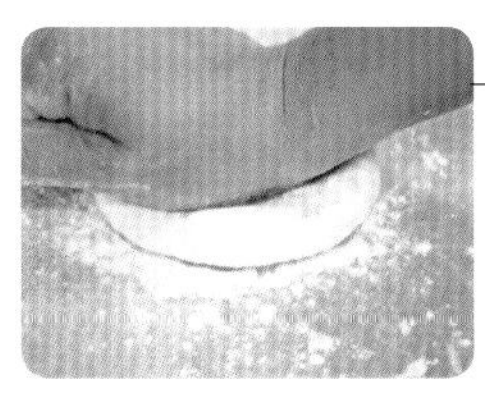

6. 用力把面粉揉进面团。

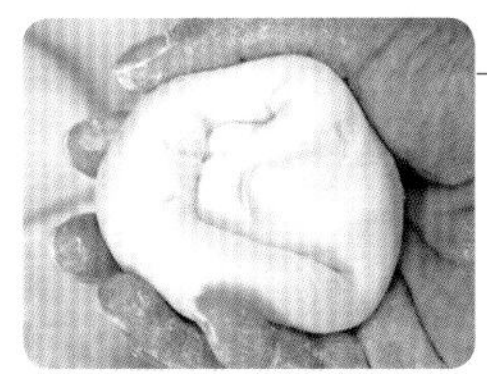

7. 揉匀后，把面团底部收起来。

8. 把口捏紧。

9. 把收口朝下搓圆搓高，一个馒头生坯就做好了。

10. 蒸锅放足冷水，蒸屉刷油，把馒头码放在蒸屉上，盖好静置 15 ~ 20 分钟，大火烧开转中火，蒸制 20 分钟，关火后闷 5 分钟再出锅。

NAIXIANGDAOQIEMANTOU

奶香刀切馒头

加入牛奶的馒头，真的是白极了！

◎ 原料 YUANLIAO

牛奶 200 克
酵母 3 克
中筋面粉 280 克
奶粉 30 克

二狗妈妈碎碎念

1. 三折再三折，为的就是把面团里面的空气擀出去，如果两次三折后觉得还是不够光滑，那就再加一次。
2. 喜欢甜味的，可以加 30 克左右的糖。

◎ 做法 ZUOFA

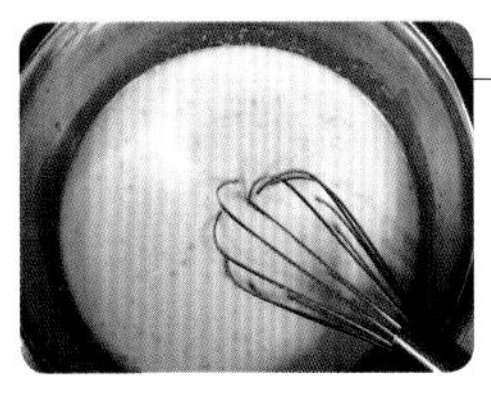

1. 200 克牛奶加 3 克酵母搅匀。

2. 加入 280 克中筋面粉、30 克奶粉。

3. 揉成面团，盖好，放温暖地方发酵约 60 分钟。

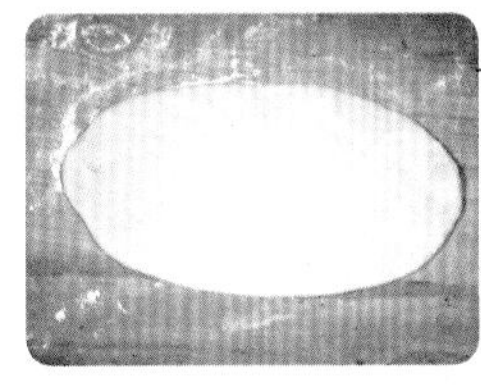

4. 案板上撒面粉，把面团放案板上揉匀后擀开。

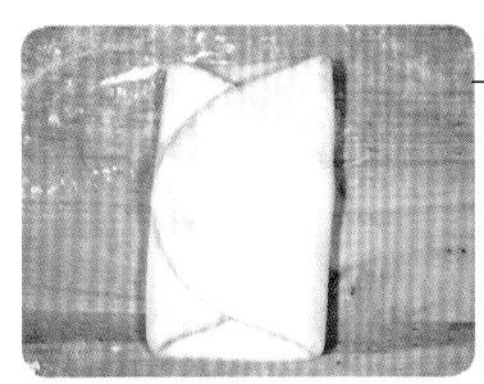

5. 折三折。

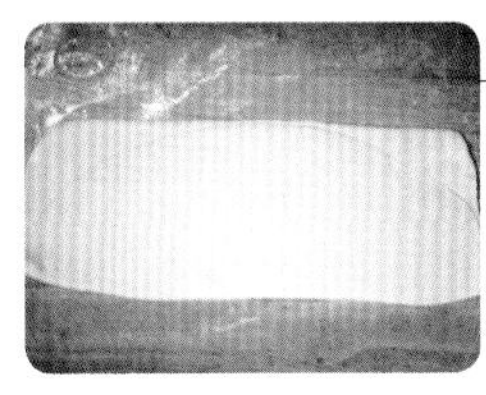

6. 擀长。

7. 再次折三折。

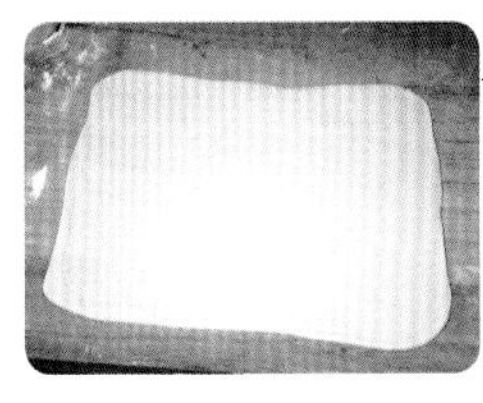

8. 擀成方的薄片。

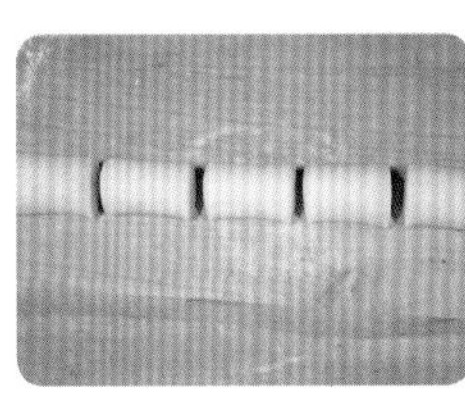

9. 卷起来，切成自己喜欢的大小。

10. 蒸锅放足冷水，蒸屉刷油，把馒头码放在蒸屉上，盖好静置 15~20 分钟。大火烧开，转中火蒸制 20 分钟，关火后闷 5 分钟再出锅。

YEZHONGFASONGRUANMANTOU

液种法松软馒头

软软的馒头抹一点油泼辣子，很香很香哦！

◎ 原料 YUANLIAO

液种：
牛奶 200 克
酵母 3 克
中筋面粉 150 克

主面团：
中筋面粉 170 克

二狗妈妈碎碎念

1. 液种不需要用手揉，因为会很黏，只需要用筷子拌匀，成无干粉状态就可以了。
2. 液种发酵的时间只作参考，夏天 90 分钟没问题，冬天室温低，需要 120 ~ 150 分钟。
3. 主面团和好后不用再发酵，直接揉成馒头，进行二次发酵，一定要看到馒头胖了一圈再开火蒸哟！

◎ 做法 ZUOFA

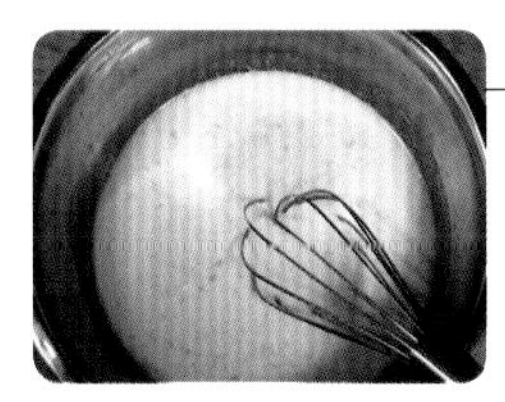

1. 200 克牛奶加 3 克酵母搅拌均匀。

2. 加入 150 克中筋面粉。

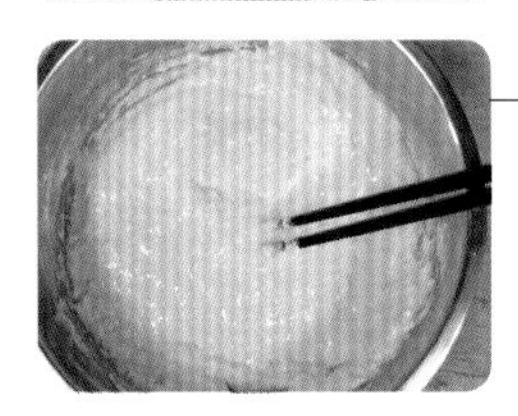

3. 搅拌均匀（无干粉状态即可）。

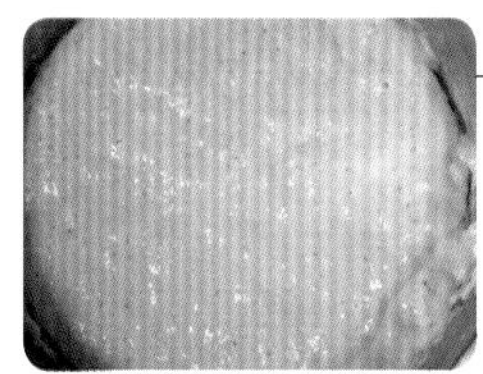

4. 盖好，放温暖地方发酵约 90 分钟。发酵好的液种充满气泡。

5. 再加入 170 克中筋面粉。

6. 稍揉成团后放案板上揉光滑。

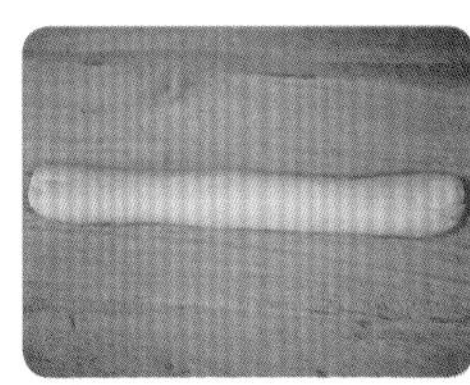

7. 搓成长条。

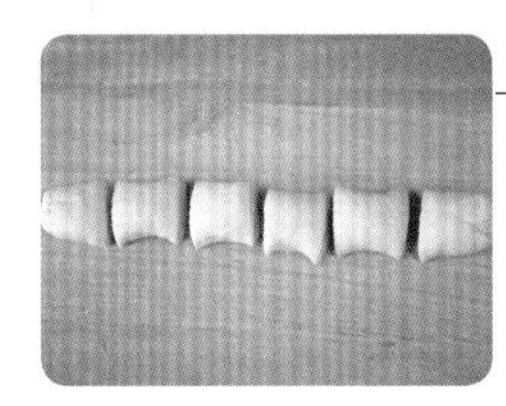

8. 平均分成 6 份。

9. 分别揉成馒头。

10. 蒸锅放足冷水，蒸屉刷油，把馒头码放在蒸屉上，盖好静置 30 分钟，大火烧开，转中火蒸制 20 分钟，关火后闷 5 分钟再出锅。

一口咬下去，怎一个香字了得！

POSUMANTOU

破酥馒头

◎ 原料 YUANLIAO

猪油：
猪板油 700 克
水 200 克
盐 3 克

面团：
水 160 克
酵母 3 克
中筋面粉 300 克

油酥：
猪油 50 克
中筋面粉 100 克

◎ 做法 ZUOFA

1. 700 克猪板油温水清洗，切成大块放入锅中倒入 200 克冷水。

2. 不停翻炒约 10 分钟后转小火，熬制约 30 分钟，油完全熬出来后，加入 3 克盐，滤出油渣，凉透后倒入容器，冰箱冷藏，1 个月内吃完。

3. 160 克水、3 克酵母搅拌均匀，加入 300 克中筋面粉。

4. 揉成面团，盖好，放温暖地方发酵约 60 分钟。

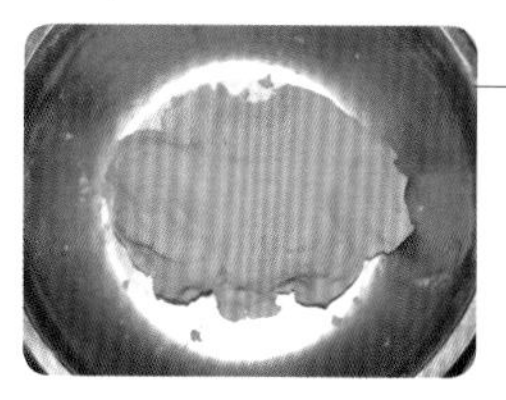

5. 另取一个盆，100 克中筋面粉加 50 克猪油和成油酥面团，盖好备用。

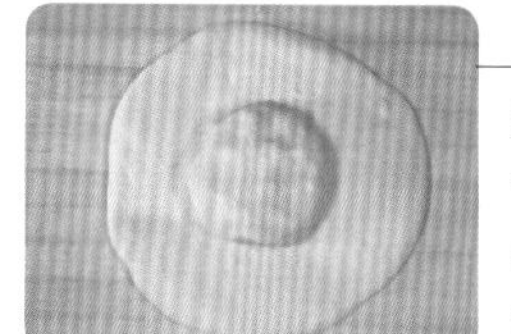

6. 案板上撒面粉，把普通面团放案板上揉匀后稍擀圆，把油酥面团放在面皮中间。

7. 捏紧收口，按扁。

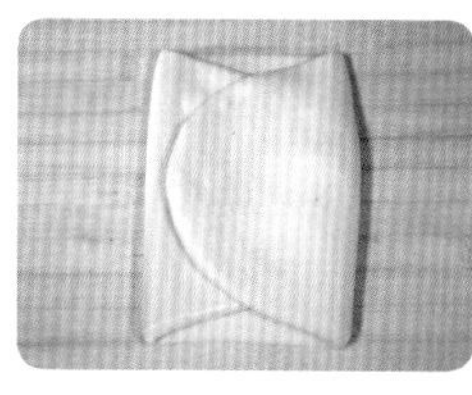

8. 擀长后三折。

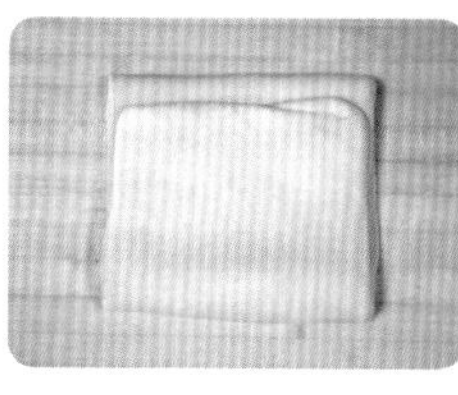

9. 再上下方向擀长，再三折。

10. 擀成大的方薄片。

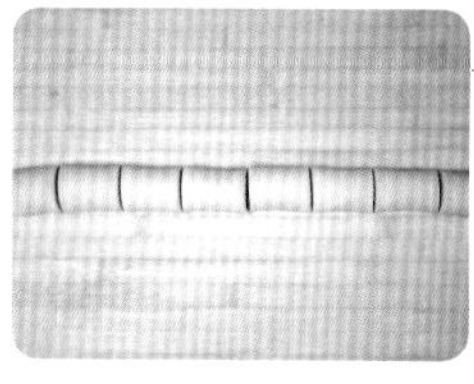

11. 卷起来，切成段儿，段的长短可自行调节。

12. 蒸锅放足冷水，蒸屉刷油，把馒头码放在蒸屉上，盖好静置 20～25 分钟，大火烧开，转中火蒸制 20 分钟，关火后闷 5 分钟再出锅。

二狗妈妈碎碎念

1. 一次熬多一点猪油，冷藏保存，1 个月内用完就可以啦。
2. 面团包油酥的时候，一定要捏紧收口哟！
3. 包好油酥擀长的时候，要轻缓一点擀，以免两种面团混酥。

YUMIMIANDAOQIEMANTOU

玉米面刀切馒头

父母很爱的一款馒头，无糖、粗粮很健康……

◎ 原料 YUANLIAO

玉米面 70 克
开水 160 克
酵母 3 克
中筋面粉 200 克

二狗妈妈碎碎念

1. 一定要等到玉米面糊凉到温热的时候再放酵母，不然酵母的活性就丧失了。
2. 用开水烫一下玉米面，香气会更浓郁，而且会增加它的黏性哟！

◎ 做法 ZUOFA

1. 70 克玉米面倒入盆中，倒入 160 克沸水。

2. 迅速搅拌均匀。

3. 凉透后加入 3 克酵母，搅拌均匀。

4. 加入 200 克中筋面粉。

5. 和成面团，盖好，放温暖地方发酵约 60 分钟。

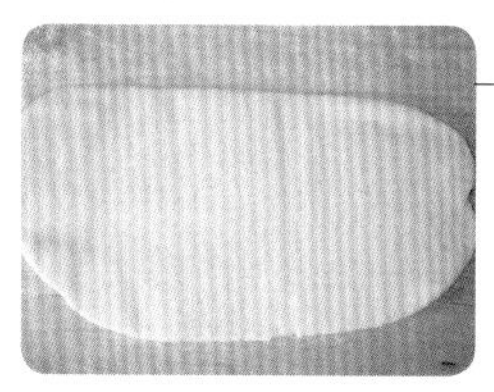

6. 案板上撒面粉，把面团放案板上揉匀，擀开。

7. 折成三折。

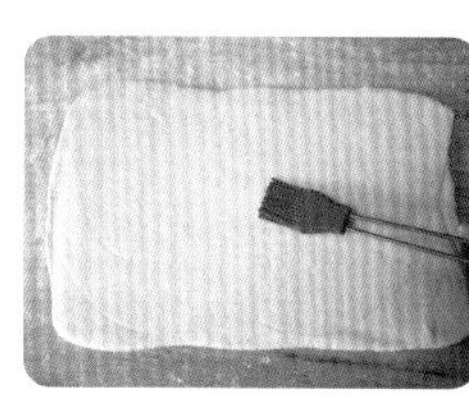

8. 再擀成方的薄面片，薄薄刷一层水。

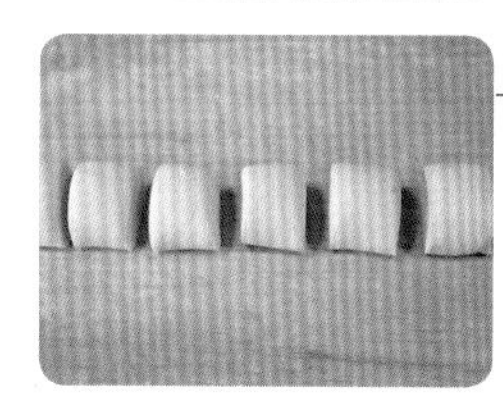

9. 从窄的一边卷起来，平均切成 6 份。

10. 蒸锅放足冷水，蒸屉刷油，把馒头码放在蒸屉上，盖好静置 15~20 分钟，大火烧开，转中火蒸制 15 分钟，关火后闷 5 分钟再出锅。

NANGUAMANTOU

南瓜馒头

每次回宁夏，南瓜馒头是我给父母必做的储备粮之一。妈妈说我回北京后，他们一吃到南瓜馒头就会想起他们的小女儿……

◎ 原料 YUANLIAO

南瓜泥 100 克
水 60 克
酵母 3 克
中筋面粉 250 克

二狗妈妈碎碎念

1. 南瓜含水量不一样，您要根据自家南瓜的含水量调整面粉用量哟。
2. 不喜欢揉成圆形，那就做成刀切馒头也可以的。
3. 喜欢甜味馒头，那就在南瓜泥中加入 30 克糖搅匀，再进行下一步。

◎ 做法 ZUOFA

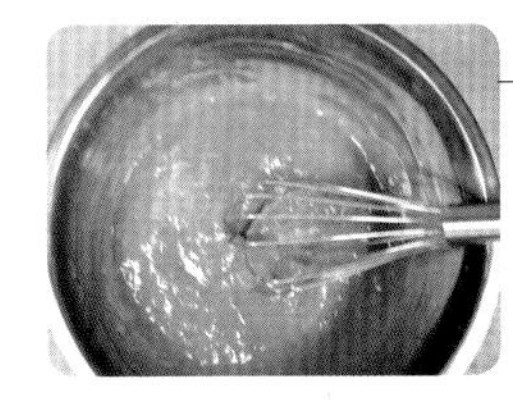

1. 100 克蒸熟凉透的南瓜泥加 60 克水和 3 克酵母放入盆中，搅拌均匀。

2. 加入 250 克中筋面粉。

3. 和成面团，盖好，放温暖地方发酵约 60 分钟。

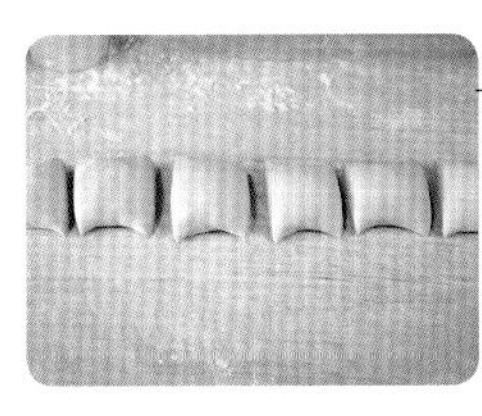

4. 案板上撒面粉，把面团放案板上揉匀搓长，分成 6 份。

5. 分别揉成馒头。

6. 蒸锅放足冷水，蒸屉刷油，把馒头码放在蒸屉上，盖好静置 15～20 分钟，大火烧开，转中火蒸制 15 分钟，关火后闷 5 分钟再出锅。

HONGTANGHONGZAOMANTOU

红糖红枣馒头

咬一口，这暖到心坎的香……

◎ 原料 YUANLIAO

红枣碎 80 克
红糖 40 克
开水 60 克
冷水 100 克
耐高糖酵母 3 克
中筋面粉 240 克

二狗妈妈碎碎念

1. 一定要等到红糖红枣糊凉到温热的时候再放酵母，不然酵母会丧失活性。
2. 因为面团糖分含量高，所以要用耐高糖酵母哟。

◎ 做法 ZUOFA

1. 剪出 80 克红枣碎备用。

2. 40 克红糖用 60 克开水溶化。

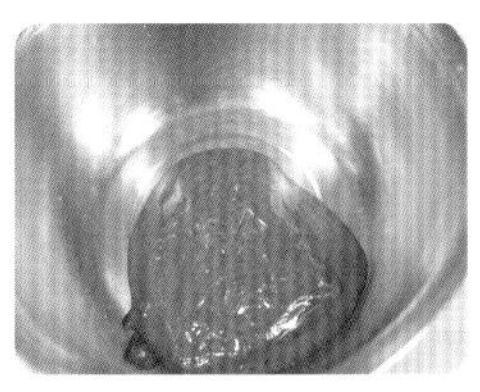

3. 红糖水加红枣碎，再加入 100 克冷水，用料理机打成糊糊倒入盆中。

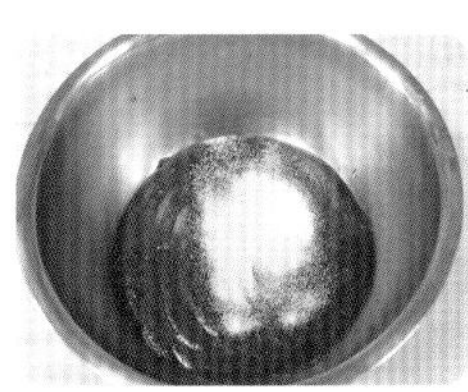

4. 加入 3 克耐高糖酵母搅匀后静置 2 分钟再次搅匀。

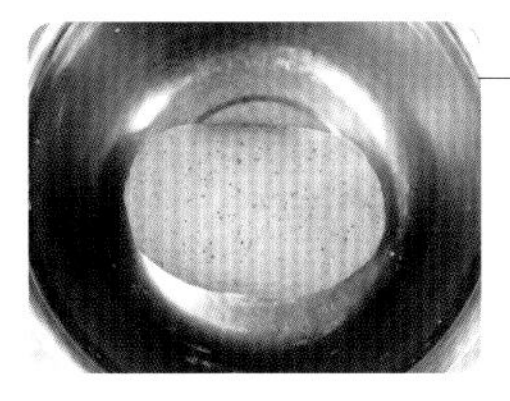

5. 加入 240 克中筋面粉，和成面团，盖好，放温暖地方发酵约 60 分钟。

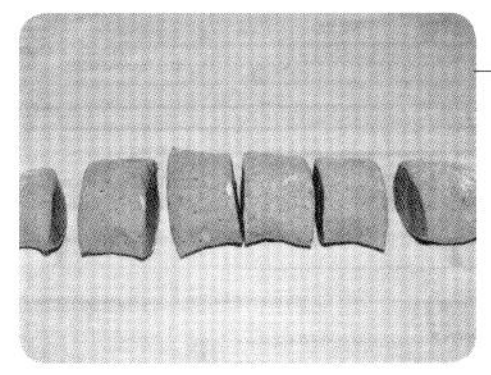

6. 案板上撒面粉，把面团放案板上揉匀搓长，分成 6 份。

7. 分别揉成馒头。

8. 蒸锅放足冷水，蒸屉刷油，把馒头码放在蒸屉上，盖好静置 15 ~ 20 分钟，大火烧开，转中火蒸制 15 分钟，关火后闷 5 分钟再出锅。

HEIZHIMAMANTOU

黑芝麻馒头

多吃黑芝麻，可以健脑益智、益寿延年哟！

◎ 原料 YUANLIAO

水 160 克
酵母 3 克
中筋面粉 250 克
黑芝麻粉 50 克

◎ 做法 ZUOFA

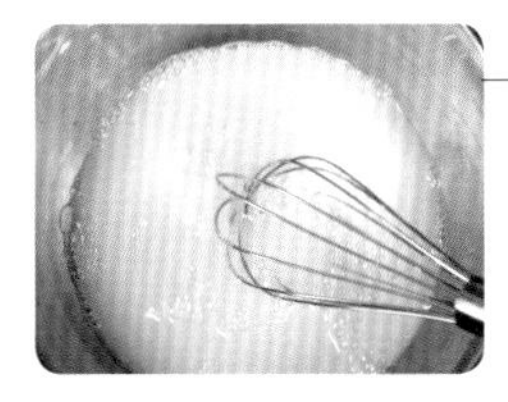

1. 160 克水加 3 克酵母放入盆中，搅拌均匀。

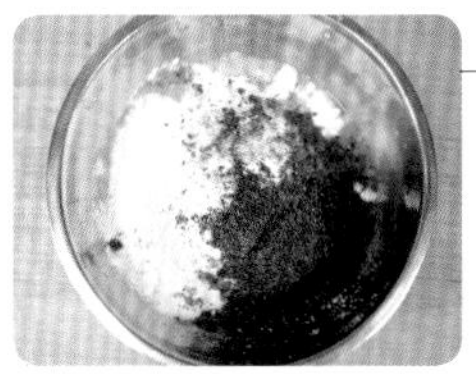

2. 加入 250 克中筋面粉、50 克黑芝麻粉。

3. 揉成面团，盖好，放温暖地方发酵约 60 分钟。

4. 发酵好的面团体积明显变大。

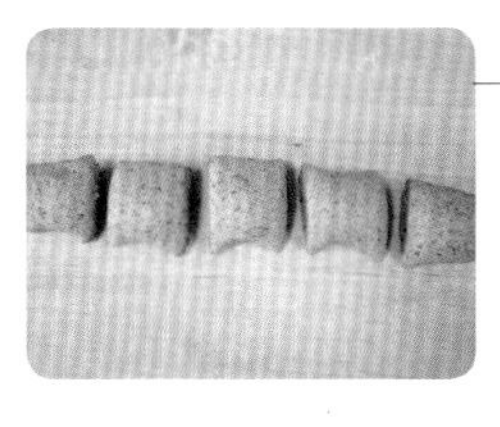

5. 案板上撒面粉，把面团放案板上揉匀，分成 5 份。

6. 揉成馒头。

7. 蒸锅放足冷水，蒸屉刷油，把馒头码放在蒸屉上，盖好静置 15~20 分钟，大火烧开，转中火蒸制 20 分钟，关火后闷 5 分钟再出锅。

二狗妈妈碎碎念

1. 自制黑芝麻粉，可以自己把黑芝麻炒熟后擀碎。
2. 喜欢黑芝麻的颗粒感，那在和面的时候可以加 15 克左右的黑芝麻粒。

ZIMIMANTOU

紫米馒头

暗黑的卖相，虽然不讨喜，
但是营养很丰富哟。

◎ 原料 YUANLIAO

水 170 克
酵母 3 克
中筋面粉 220 克
紫米粉 80 克

◎ 做法 ZUOFA

1. 170 克水加 3 克酵母搅拌均匀。

2. 加入 220 克中筋面粉、80 克紫米粉。

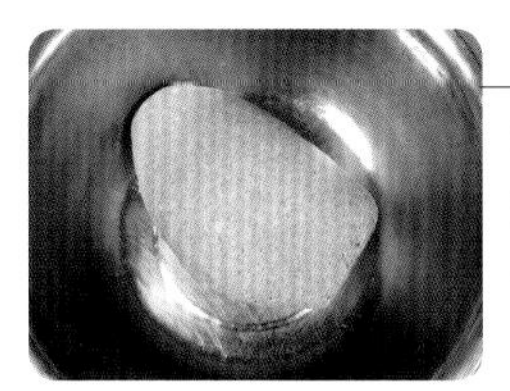

3. 揉成面团，盖好，放温暖地方发酵约 60 分钟。

4. 发酵好的面团明显变胖了哟。

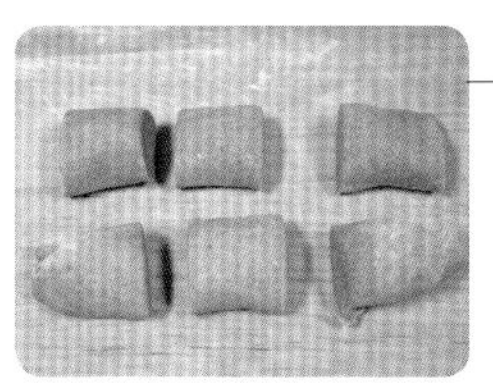

5. 案板上撒面粉，把面团放案板上揉匀，分成 6 份。

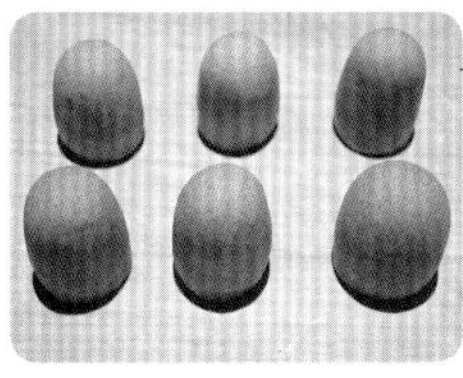

6. 揉成馒头。

7. 蒸锅放足冷水，蒸屉刷油，把馒头码放在蒸屉上，盖好静置 15 ~ 20 分钟，大火烧开，转中火蒸制 20 分钟，关火后闷 5 分钟再出锅。

二狗妈妈碎碎念

1. 紫米粉网上有卖，如果非要自己做，那就把紫米放在研磨机里磨碎就可以啦。
2. 也可以把面团擀开卷起来，再切段，就是刀切馒头啦。
3. 喜欢更软一些的口感，水的用量可以增加 10 ~ 20 克。

NAIXIANGYUMIMANTOU

奶香玉米馒头

能吃到颗颗玉米粒的馒头，虽然不太好看，但是非常好吃呢。

◎ 原料 YUANLIAO

水 160 克
酵母 3 克
中筋面粉 300 克
熟玉米粒 100 克

二狗妈妈碎碎念

1. 玉米粒最好选用甜玉米粒，自带香甜口味，非常好吃。
2. 加入玉米粒后，有点粘手，和成面团就可以啦。

◎ 做法 ZUOFA

1. 160 克水加 3 克酵母搅拌均匀。

2. 加入 300 克中筋面粉和 100 克煮熟凉透的玉米粒。

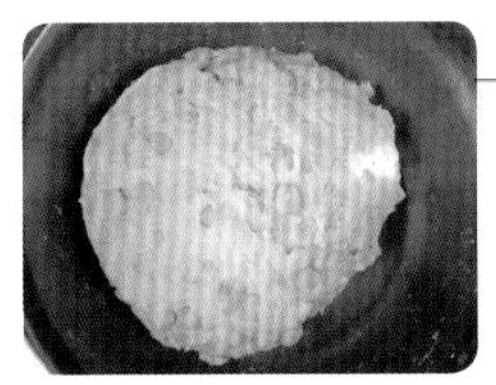

3. 揉成面团，盖好，放温暖地方发酵 60 分钟。

4. 发酵好的面团明显变大哟。

5. 案板上撒面粉，面团擀开，尽量擀成正方形。

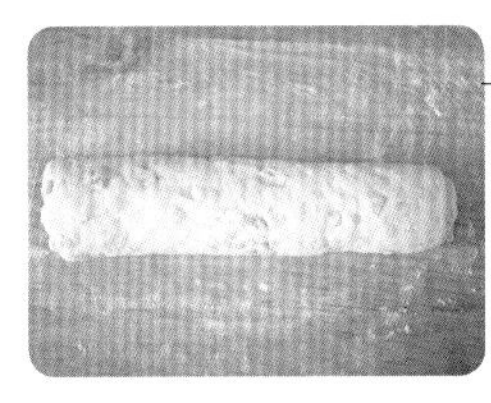

6. 将擀开的面团卷起来。

7. 收口朝下，切成 6 段。

8. 蒸锅放足冷水，蒸屉刷油，把馒头码放在蒸屉上，盖好，静置 15～20 分钟，大火烧开，转中火蒸制 18 分钟，关火后闷 5 分钟再出锅。

XUELIANHUAMANTOU
雪莲花
馒头
盛开的雪莲花，洁白无瑕……

◎ 原料 YUANLIAO

水 130 克
糖 20 克
酵母 3 克
中筋面粉 240 克

◎ 做法 ZUOFA

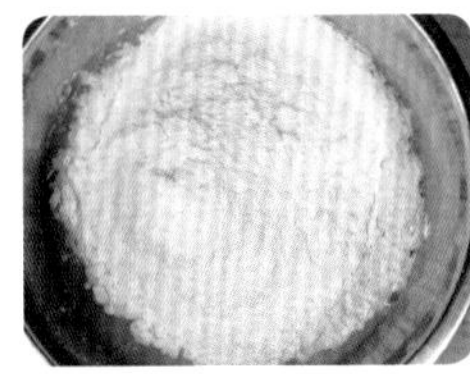

1. 130 克水、20 克糖、3 克酵母搅拌均匀，加入 240 克中筋面粉。

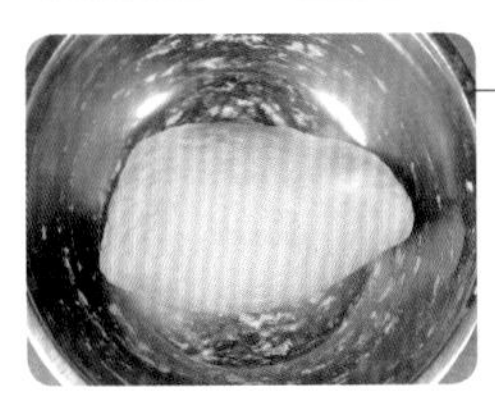

2. 揉成面团，盖好，放温暖地方发酵约 60 分钟。

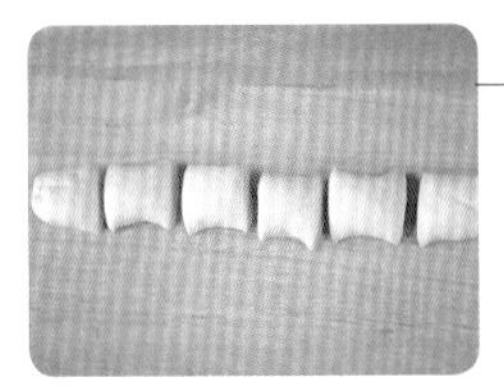

3. 案板上撒面粉，把面团放案板上揉匀后平均分成 6 份。

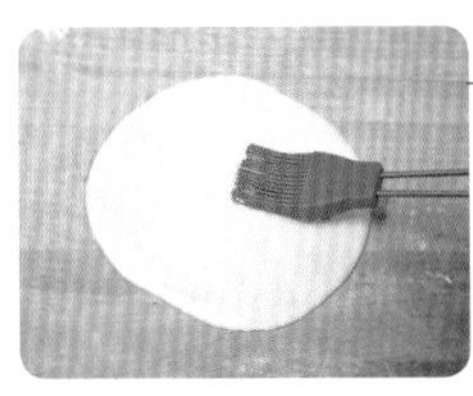

4. 取一块面团，揉圆按扁后擀薄，刷一层油。

5. 对折后再刷一层油。

6. 再对折后切两刀。

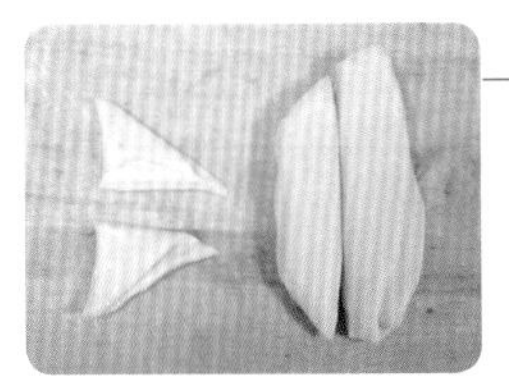

7. 把小直角打开再切一刀，两个大宽条并拢。

8. 把两个小直角如图摆放在宽条上。

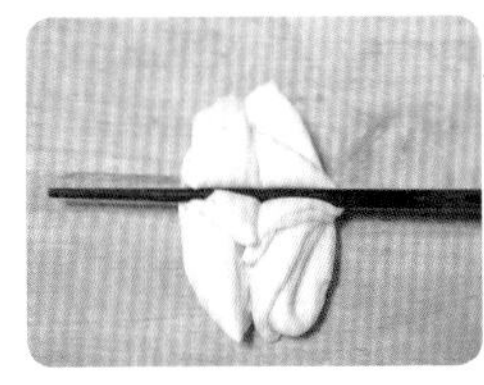

9. 拿一根抹过油的筷子横按下去。

10. 再用两根抹过油的筷子竖压下去。

11. 压下去后，两根筷子向中间并拢，然后抽出筷子。

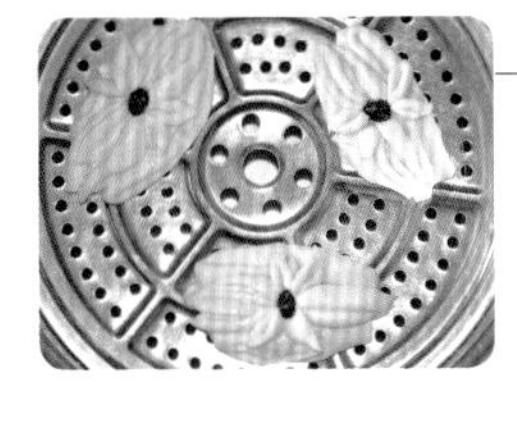

12. 蒸锅放足冷水，蒸屉刷油，把馒头码放在蒸屉上，中间放一颗蔓越莓干（也可以不放），盖好静置 15 ~ 20 分钟，大火烧开，转中火蒸制 15 分钟，关火后闷 5 分钟再出锅。

二狗妈妈碎碎念

1. 这个造型的馒头难点就在于最后两根筷子压下去往里收紧，花纹才可以外翻出来。
2. 喜欢更甜一些的，可以再加 20 克左右的白糖。

NANGUAMEIGUIHUAMANTOU

南瓜玫瑰花馒头

情人节，你送这样的玫瑰给爱人，他会不会更喜欢呢？

◎ 原料 YUANLIAO

南瓜泥 100 克
水 60 克
糖 20 克
酵母 3 克
中筋面粉 240 克

◎ 做法 ZUOFA

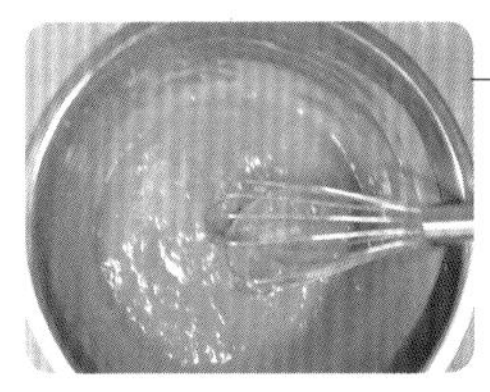

1. 100 克蒸熟凉透的南瓜泥放入盆中，加入 60 克水、20 克糖、3 克酵母，搅匀。

2. 加入 240 克中筋面粉。

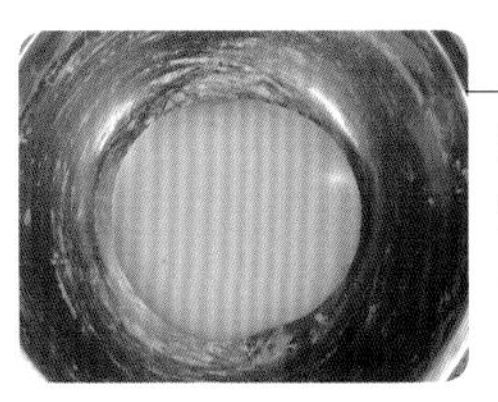

3. 揉成面团，盖好，放温暖地方发酵约 60 分钟。

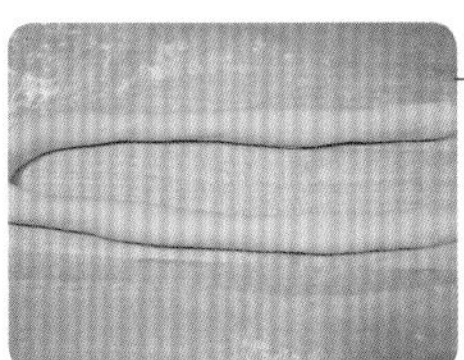

4. 案板上撒面粉，把面团放案板上揉匀，搓长条。

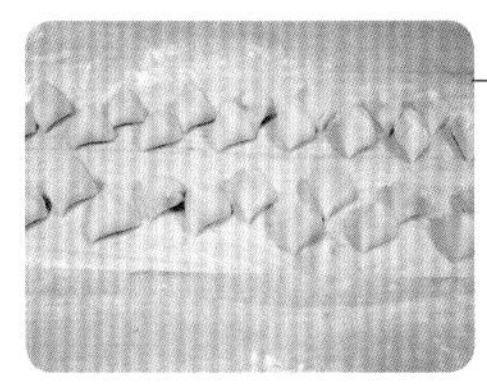

5. 分成小剂子（30 个左右）。

6. 均匀地撒些面粉，按扁。

7. 擀成椭圆形。

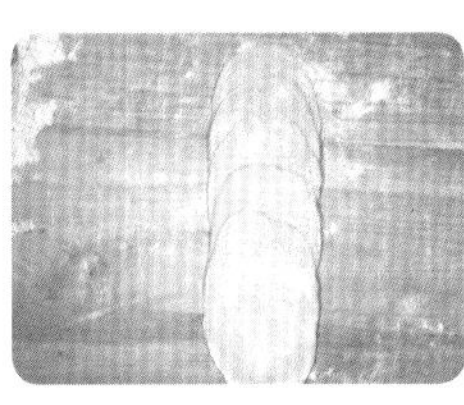

8. 5 个椭圆形面片叠放在一起，注意是一个压着一个，并且留约 1 厘米距离。

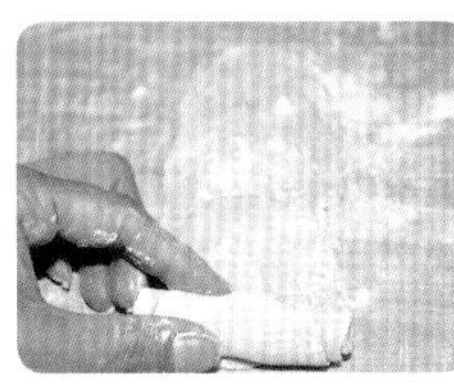

9. 从下往上卷起来。

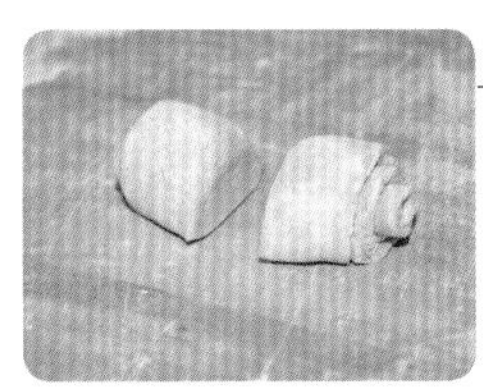

10. 用刀从中间切断。

11. 把切口朝下，稍整理一下花瓣。

12. 蒸锅放足冷水，蒸屉刷油，把馒头码放在蒸屉上，盖好静置 15～20 分钟，大火烧开，转中火蒸制 13 分钟，关火后闷 5 分钟再出锅。

二狗妈妈碎碎念

1. 喜欢花瓣再多一些，可以用 6～7 张圆面片。
2. 南瓜含水量不一样，您要根据自家南瓜含水量调整面粉用量哟。
3. 卷的方向不一样，得到的花朵也不太一样，可以都试试看。

SHUANGSEDAOQIEMANTOU

双色刀切馒头

加一点颜色，加一点新鲜感……

◎ 原料 YUANLIAO

牛奶 200 克
酵母 3 克
中筋面粉 300 克
红曲粉 2 克

二狗妈妈碎碎念

1. 红曲粉可以用抹茶粉、可可粉替换，得到的颜色也不一样呢。
2. 喜欢甜味儿的，和面的时候可以加 30 克左右的白糖。

◎ 做法 ZUOFA

1. 200 克牛奶倒入盆中，加入 3 克酵母搅匀。

2. 加入 300 克中筋面粉搅成絮状。

3. 另取一个大碗，分出一半面絮到大碗中，在大碗中加入 2 克红曲粉。

4. 分别揉成面团，盖好，放温暖地方发酵约 60 分钟。

5. 案板上撒面粉，把两块面团分别在案板上揉匀。

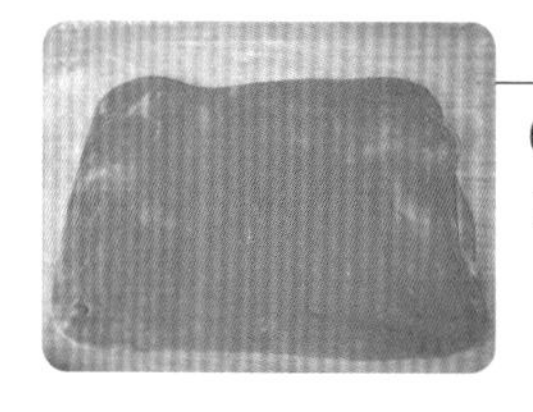

6. 先把粉色面团擀成方形薄片。

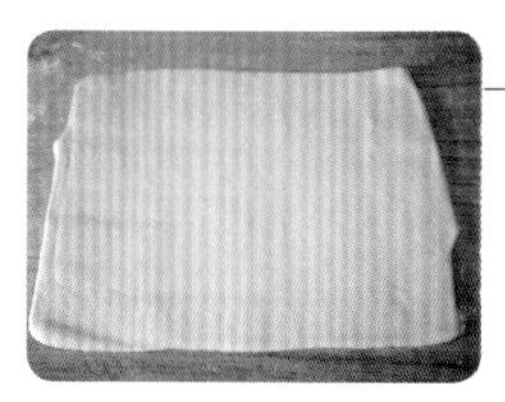

7. 再把白色面团擀成和粉色面团一样大小的面片。

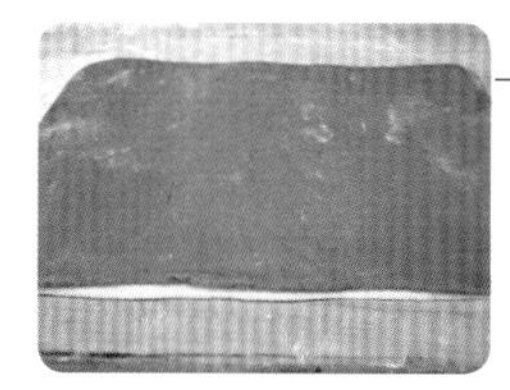

8. 在白色面片上薄薄刷一层水，把粉色面片盖在白色面片上，稍擀。

9. 在粉色面片上再薄薄刷一层水，从窄的一端卷起来。

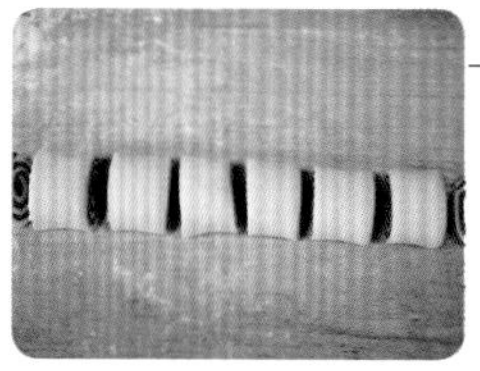

10. 切成您喜欢的大小。

11. 蒸锅放足冷水，蒸屉刷油，把馒头码放在蒸屉上，盖好静置 15～20 分钟，大火烧开，转中火蒸制 15 分钟，关火后闷 5 分钟再出锅。

JUHUAMANTOU

菊花馒头

不知为何，我做这个馒头的时候，满脑子都是和先生一起去看《满城尽带黄金甲》，那满屏的菊花呀……

◎ 原料 YUANLIAO

南瓜泥 100 克
水 60 克
糖 20 克
酵母 3 克
中筋面粉 240 克

二狗妈妈碎碎念

1. 南瓜含水量不一样，您要根据自家南瓜含水量调整面粉用量哟。
2. 面条搓得越细，花瓣就越多层、越美观。
3. 面条上刷油，花瓣会分散一些，不刷油就会紧密一些哟。

◎ 做法 ZUOFA

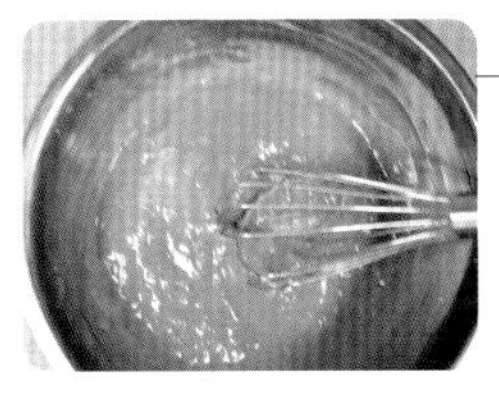

1. 100 克蒸熟凉透的南瓜泥放入盆中，加入 60 克水、20 克糖、3 克酵母搅匀。

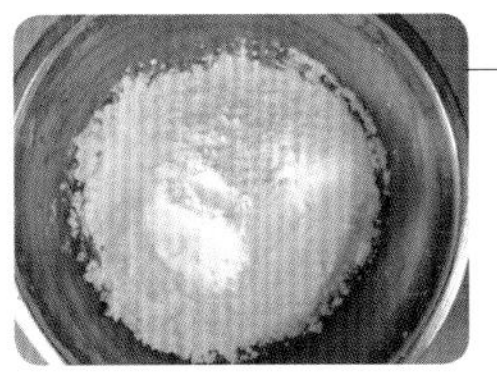

2. 加入 240 克中筋面粉。

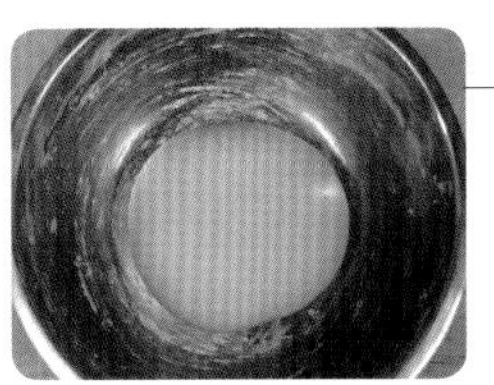

3. 揉成面团，盖好，放温暖地方发酵约 60 分钟。

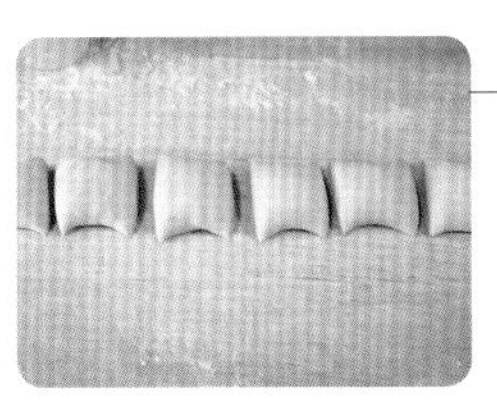

4. 案板上撒面粉，把面团放案板上揉匀后分成 6 份。

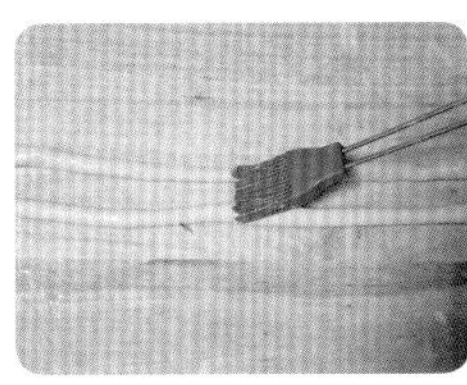

5. 搓细长，刷油。

6. 从两端向中间卷起来，注意卷的方向是一正一反哟。

7. 并拢在一起，用筷子从中间夹紧。

8. 夹好的样子。

9. 用刀切 4 刀。

10. 蒸锅放足冷水，蒸屉刷油，把馒头码放在蒸屉上，盖好静置 15~20 分钟，大火烧开，转中火蒸制 13 分钟，关火后闷 5 分钟再出锅。

XIGUAMANTOU

西瓜馒头

我是馒头，我只是个馒头，不是西瓜，跟你们说了多少遍了……

◎ 原料 YUANLIAO

水 130 克
糖 30 克
酵母 3 克
中筋面粉 240 克
红曲粉 1 克
抹茶粉 1 克
蔓越莓干约 30 克

配料：
可可粉少许
开水少许

◎ 做法 ZUOFA

1. 130 克水、30 克糖、3 克酵母放入盆中搅拌均匀。

2. 加入 240 克中筋面粉，用筷子搅成絮状。

3. 另取两个小碗，各放 100 克面絮。

4. 在其中一个小碗中加入 1 克抹茶粉，在大盆中加入 1 克红曲粉。

5. 分别揉成面团，盖好，放温暖地方发酵 60 分钟。

6. 发酵好的面团明显变胖哟。

7. 把红色面团放在案板上，抓一把蔓越莓干放面团上。

8. 揉匀后分成 4 份搓圆备用。

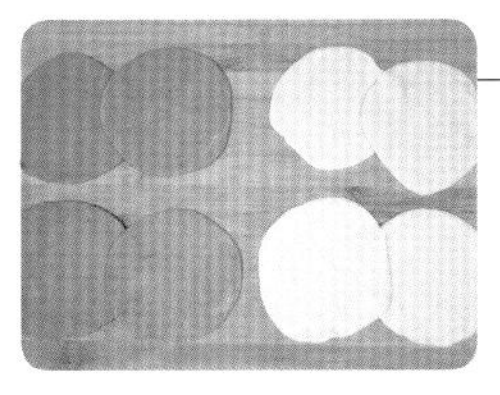

9. 把绿色面团和白色面团都分成 4 份，揉圆擀开。

10. 用白色面皮包住红色面团，捏紧收口。

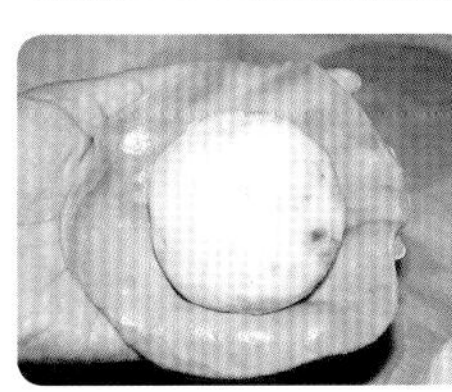

11. 再用绿色面团包住白色面团，捏紧收口。

12. 蒸锅放足冷水，蒸屉刷油，把馒头码放在蒸屉上，盖好静置 15~20 分钟，大火烧开，转中火蒸制 20 分钟，关火后闷 5 分钟再出锅。

二狗妈妈碎碎念

1. 馒头出锅后，用一点开水，加一点纯黑可可粉搅匀成糊状，用毛笔在馒头外皮上画出西瓜皮花纹。
2. 我做的馒头比较小，切出来的西瓜就比较小，喜欢大一些的，可以把所有原料分成两份，只做两个大馒头，蒸制时间增加 5 分钟。

XIANGGUMANTOU

香菇馒头

他们都说我是打入香菇界的卧底……

◎ 原料 YUANLIAO

水 130 克
糖 30 克
酵母 3 克
中筋面粉 240 克
可可粉约 20 克

二狗妈妈碎碎念

1. 可可粉一次可以多倒入盘中一些，用不完还可以收回去。
2. 组装香菇的时候，筷子戳洞不要太大，不然香菇腿会粘不牢固。
3. 香菇腿和香菇盖我用了两个蒸屉，一锅蒸出来的哟。

◎ 做法 ZUOFA

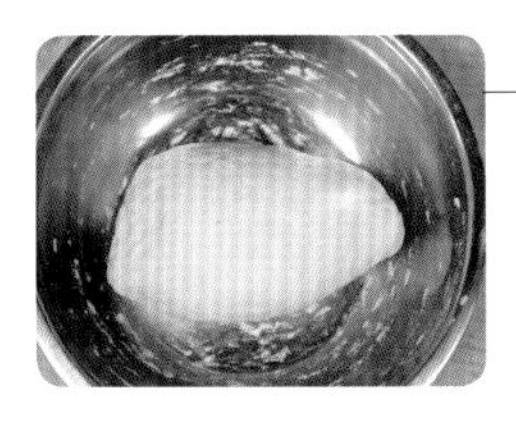

1. 130 克水、30 克糖、3 克酵母放入盆中搅拌均匀，加入 240 克中筋面粉揉成面团，盖好，放温暖地方发酵约 60 分钟。

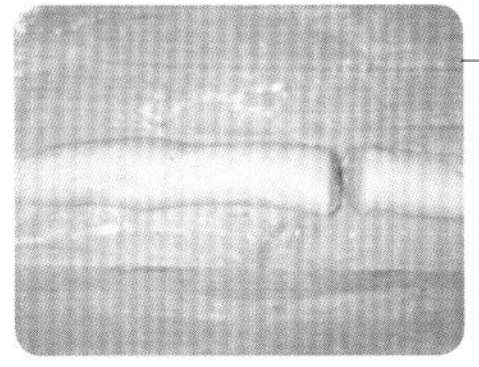

2. 案板上撒面粉，把面团放案板上揉匀搓长，切掉约 1/4。

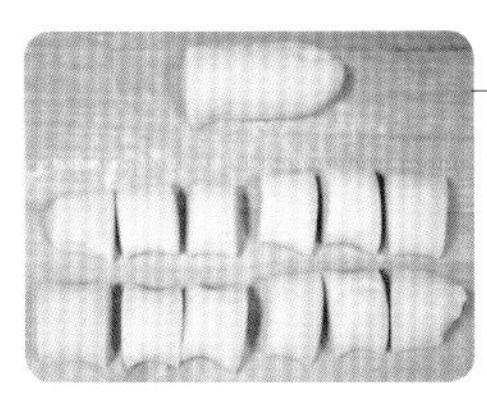

3. 大面团平均分成 12 份（小面团放在一边盖好备用）。

4. 蒸锅放足冷水，蒸屉刷油（对，我们现在就准备好蒸锅）。

5. 把 12 个面团揉圆，收口朝上放好。

6. 用一个盘子盛一些可可粉（多一些没关系），用手捏住那个收口，去蘸可可粉。

7. 直接码放在蒸屉上。

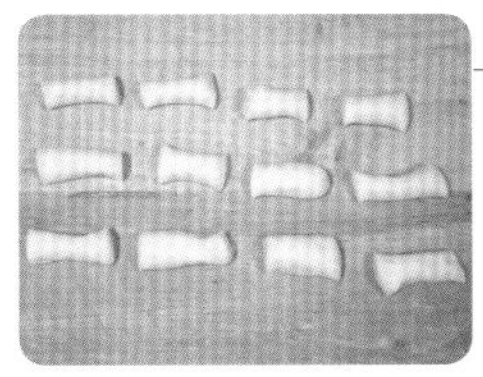

8. 把之前预留的面团搓细长，分成 12 段。（每段约 4 厘米长）

9. 搓成子弹状，码放在蒸屉上，盖好，静置 15~20 分钟，大火烧开，转中火蒸制 12 分钟，关火后闷 3 分钟再出锅。

10. 出锅稍凉，在香菇盖内中间用筷子戳个洞。

11. 把香菇腿塞进洞中。

12. 香菇就组装完工啦！

这么大一个棒棒糖，哪个宝宝看
到会不喜欢？
BANGBANGTANGMANTOU
棒棒糖
馒头

◎ 原料 YUANLIAO

紫色面团：	黄色面团：	白色面团：
紫薯泥 50 克	南瓜泥 60 克	水 55 克
水 50 克	水 20 克	糖 8 克
糖 8 克	糖 8 克	酵母 1 克
酵母 1 克	酵母 1 克	中筋面粉 100 克
中筋面粉 100 克	中筋面粉 100 克	

◎ 做法 ZUOFA

1. 紫色面团：50 克紫薯泥、50 克水、8 克糖、1 克酵母放入盆中，充分搅匀后加入 100 克中筋面粉，和成紫色面团。

2. 黄色面团：60 克南瓜泥、20 克水、8 克糖、1 克酵母放入盆中，充分搅匀后加入 100 克中筋面粉，和成黄色面团。

3. 白色面团：55 克水、8 克糖、1 克酵母放入盆中，充分搅匀后加入 100 克中筋面粉，和成白色面团。

4. 3 种颜色面团和好后，盖好，放温暖的地方发酵约 60 分钟。

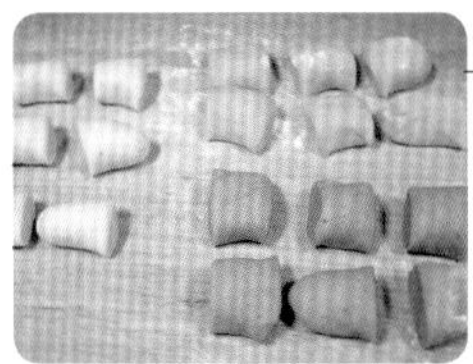

5. 把每种颜色的面团都分成 6 份。

6. 每种颜色的面团各取一块搓长，再搓在一起。

7. 盘起来就成了棒棒糖形状。

8. 蒸锅放足冷水，蒸屉刷油，把棒棒糖馒头码放在蒸屉上，盖好静置 15～20 分钟，大火烧开，转中火蒸制 13 分钟，关火后闷 3 分钟再出锅。

二狗妈妈碎碎念

1. 南瓜、紫薯含水量不一样，您要根据情况调整面粉用量哟。
2. 给孩子吃的时候，就把竹签拔下来，竹签头太尖容易伤到孩子。
3. 如果喜欢颜色更多一些，可以增加菠菜面团：55 克菠菜汁、8 克糖、1 克酵母放入盆中，充分搅匀后加入 100 克中筋面粉和成面团，就是绿色面团啦。

我们是国宝。国宝是什么，你知道吗？就是全中国人民都可稀罕我们啦，把我们当宝贝呢！
XIAOXIONGMAO
小熊猫

◎ 原料 YUANLIAO

水 130 克
糖 20 克
酵母 3 克
中筋面粉 240 克
纯黑可可粉 2 克

二狗妈妈碎碎念

1. 纯黑可可粉可以用竹炭粉替换（卡通馒头不再重复）。
2. 所有面团黏合都用水哟（卡通馒头不再重复）。
3. 如果喜欢吃有馅的，可以包入您喜欢的馅。

◎ 做法 ZUOFA

1. 130 克水、20 克糖、3 克酵母放入盆中搅匀。

2. 加入 240 克中筋面粉。

3. 搅成絮状后，取小碗盛出 80 克左右面絮，在小碗中加入 2 克纯黑可可粉。

4. 分别揉成面团，盖好，放温暖地方发酵约 60 分钟。

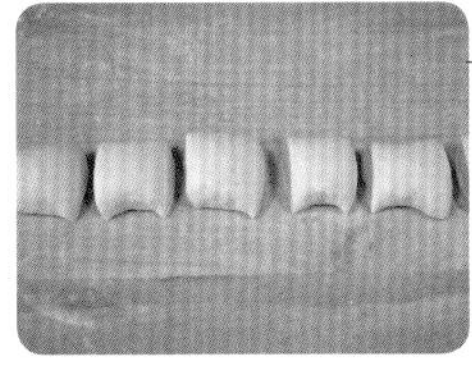

5. 案板上撒面粉，白色面团在案板上揉匀后平均分成 6 份。

6. 揉圆按扁备用。

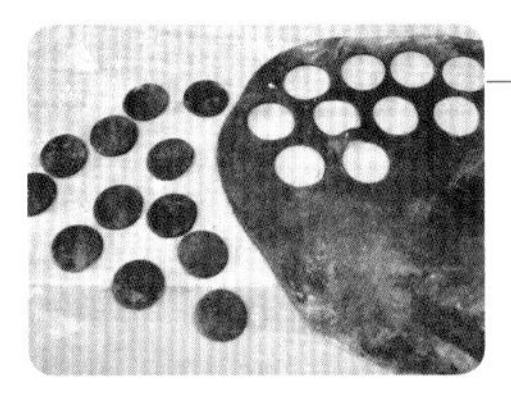

7. 黑色面团擀成大面片，用裱花嘴（或者瓶盖）扣出 12 个小圆片。

8. 用水粘在白色面饼上，从白色面饼背面揪点白色面团做眼珠，再揪黑色面团做嘴巴。

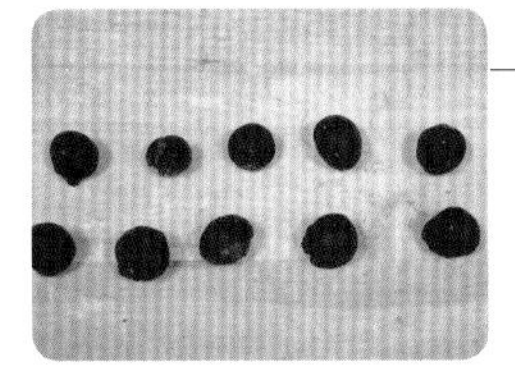

9. 剩下的黑色面团揉匀后分成 12 份，搓圆。

10. 把黑面团用水粘在白色圆饼上方做耳朵。

11. 蒸锅放足冷水，蒸屉刷油，把“熊猫”们码放在蒸屉上，盖好静置 15～20 分钟，大火烧开，转中火蒸制 15 分钟，关火后闷 5 分钟再出锅。

XIAOHUANGREN

小黄人

你瞅啥？我瞅你的小发型呢，
和我一样好看……

◎ 原料 YUANLIAO

黄色面团：	其他面团：
南瓜泥 100 克	水 55 克
水 60 克	糖 10 克
糖 20 克	酵母 1 克
酵母 3 克	中筋面粉 100 克
中筋面粉 240 克	纯黑可可粉 1 克

◎ 做法 ZUOFA

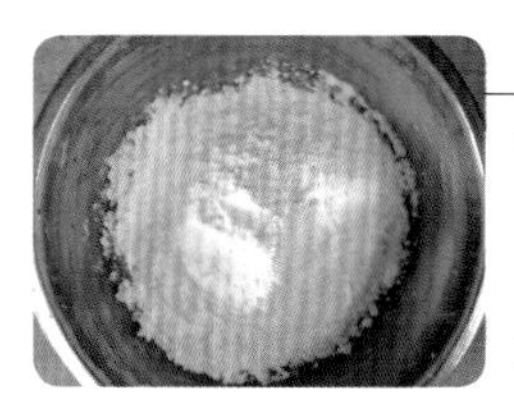

1. 100 克蒸熟凉透的南瓜泥放入盆中，加入 60 克水、20 克糖、3 克酵母搅匀，加入 240 克中筋面粉。

2. 揉成面团，盖好，放温暖地方发酵约 60 分钟。

3. 另取 1 个小碗，55 克水、10 克糖、1 克酵母倒入碗中搅拌均匀，加入 100 克中筋面粉。

4. 搅成絮状后，再取 1 个小碗，取出一点点面絮，在面絮多的那个碗中加入 1 克纯黑可可粉。

5. 分别揉成面团，盖好，放温暖地方发酵约 60 分钟。

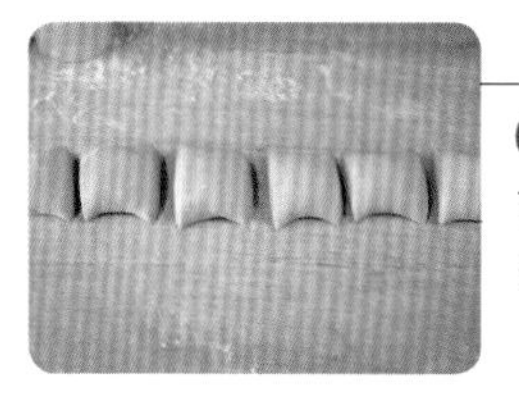

6. 案板上撒面粉，把南瓜面团放案板上揉匀后分成 6 份。

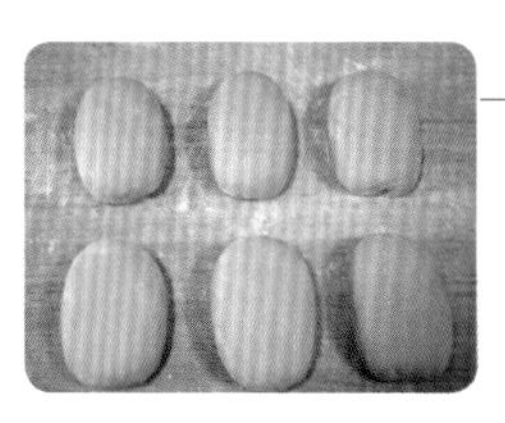

7. 分别揉成椭圆形备用。

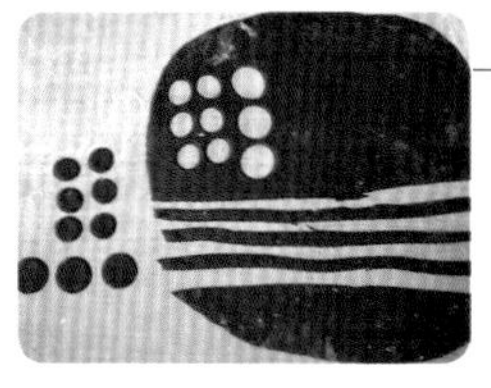

8. 黑色面团擀薄，用裱花嘴扣出一些小圆片，再切出几条黑面条。

9. 先把黑面条用水粘在椭圆面团上方（围一圈），把大黑圆片用水粘在黑色宽条中间（独眼），再把小黑圆片两个一组粘在黑色宽条中间（双眼）。

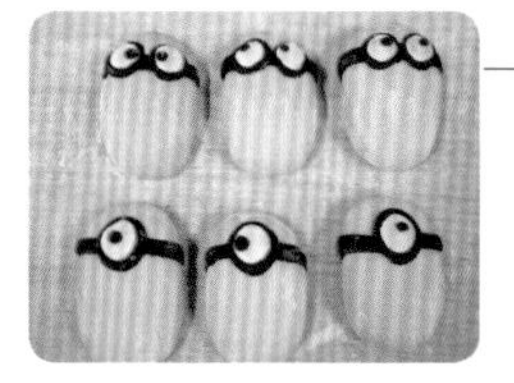

10. 揪白色面团做眼白，再揪黑色面团做眼珠。

11. 再用黑色面团做出衣服、头发和嘴巴。

12. 蒸锅放足冷水，蒸屉刷油，把“小黄人”们码放在蒸屉上，盖好静置 15～20 分钟，大火烧开，转中火蒸制 15 分钟，关火后闷 5 分钟再出锅。

二狗妈妈碎碎念

1. 南瓜泥含水量不同，您要根据具体情况调整面粉用量。
2. 小黄人的表情随您创造，不一定和我的一样。

FENNUDEXIAONIAO

愤怒的小鸟

◎ **原料** YUANLIAO

水 170 克
糖 30 克
酵母 3 克
中筋面粉 340 克
红曲粉 5 克
纯黑可可粉 1 克
南瓜泥 20 克

我总觉得有刁民想偷朕的孩子……

◎ 做法 ZUOFA

1. 170 克水、30 克糖、3 克酵母搅匀。

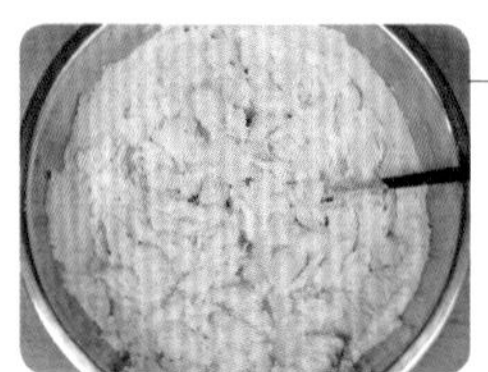

2. 加入 320 克中筋面粉，搅成絮状。

3. 另取 3 个小碗，分别盛出 80 克、60 克、30 克面絮，在大盆中加入 5 克红曲粉，在 60 克面絮中加入 1 克纯黑可可粉，在 30 克面絮中加入 20 克南瓜泥。

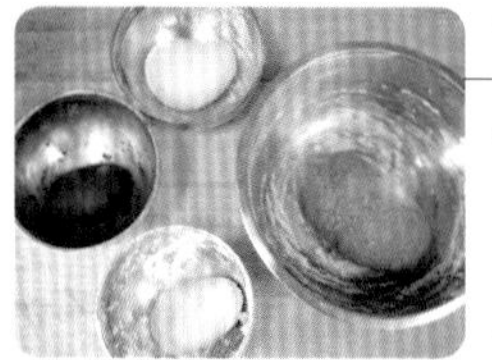

4. 分别揉成面团（黄色面团中再加入 20 克中筋面粉）盖好，放温暖地方发酵约 60 分钟。

5. 案板上撒面粉，把红色面团放案板上揉匀，分成 6 份。

6. 取一块面团，切掉 1/5，大面团揉圆按扁，小面团搓成水滴状。

7. 把小面团用水粘在大面团后面，并在小面团上切开一刀。

8. 揪白色面团擀圆粘在对应位置做鸟的眼睛和肚子。

9. 揪黑色面团做出眼珠和眼眶。

10. 再揪黑色面团做眉毛。

11. 揪黄色面团捏成锥形粘在眼睛下方，用剪刀横剪一刀，嘴巴就做好了。

12. 蒸锅放足冷水，蒸屉刷油，把“小鸟”们码放在蒸屉上，盖好静置 15~20 分钟，大火烧开，转中火蒸制 15 分钟，关火后闷 5 分钟再出锅。

二狗妈妈碎碎念

1. 嘴巴面团直接加入南瓜泥，水分会变大，那面团就会很软，所以还要再加入 20 克面粉调整面团的硬度。
2. 眉毛一定做宽一些才够“愤怒”哟。

LVZHU

绿猪

我们准备去偷小鸟们的孩子，伙伴们，分工合作，看这次能不能成功！

◎ 原料 YUANLIAO

水 130 克
糖 20 克
酵母 3 克
中筋面粉 240 克
抹茶粉 5 克
纯黑可可粉少许

◎ 做法 ZUOFA

1. 130 克水、20 克糖、3 克酵母放入盆中搅匀，再加入 240 克中筋面粉。

2. 搅成絮状，另取 2 个小碗，各盛出 20 克左右的面絮。在其中一个小碗中加入一点纯黑可可粉，在大盆中加入 5 克抹茶粉。

3. 分别揉成面团，盖好，放温暖地方发酵约 60 分钟。

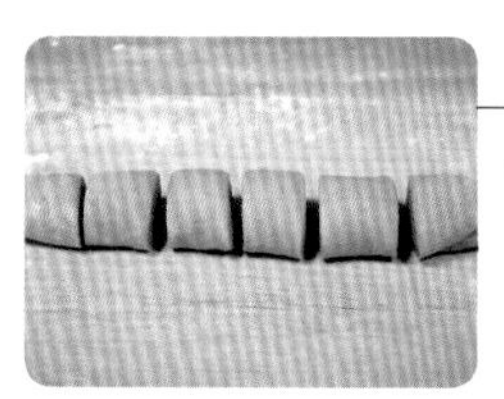

4. 案板上撒面粉，把绿色面团放案板上揉匀，分成 6 份。

5. 取一块面团，切下约 1/4。

6. 把小面团一分为二，再把其中一块一分为二，分别揉圆按扁。

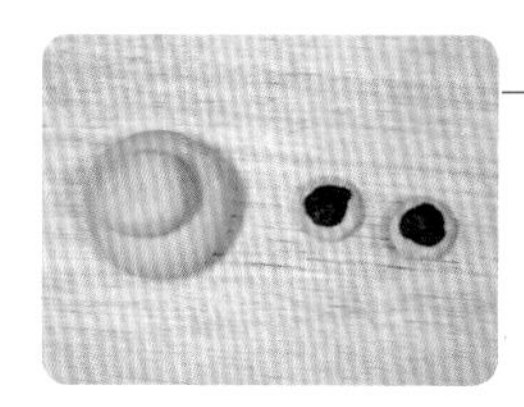

7. 把中圆面团用水粘在大圆面团中间，揪黑色面团粘在小圆面团中间。

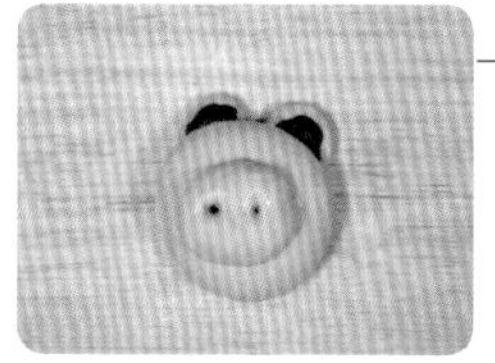

8. 用筷子蘸水插出鼻孔，把两个小圆片粘在大圆上方。

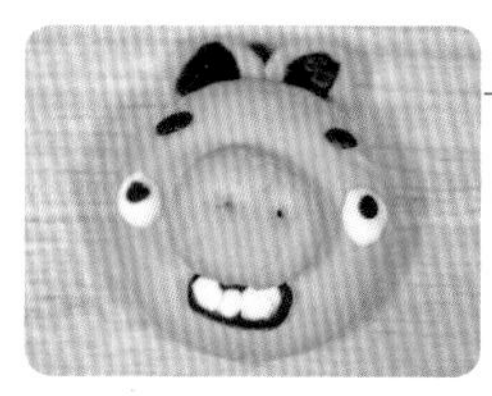

9. 揪白色面团和黑色面团做出眼睛、眉毛、嘴巴、牙齿。

10. 蒸锅放足冷水，蒸屉刷油，把“绿猪”们码放在蒸屉上，盖好静置 15～20 分钟，大火烧开，转中火蒸制 15 分钟，关火后闷 5 分钟再出锅。

二狗妈妈碎碎念

1. 做牙齿的时候不要急，一颗一颗需要一点儿耐心哟。
2. 鼻孔可以插得大一些，蒸出来更好看。

WEINIXIAOXIONG

维尼小熊

今天我们几个一起去找蜂蜜吃吧……小驴，你知道蜂蜜藏在哪里了吗？

◎ 原料 YUANLIAO

南瓜泥 100 克
水 60 克
糖 20 克
酵母 3 克
中筋面粉 240 克
纯黑可可粉 1 克

二狗妈妈碎碎念

1. 南瓜泥含水量不同，您根据具体情况调整面粉的用量。
2. 维尼小熊的眉毛一定是八字形才好看哟。

◎ 做法 ZUOFA

1. 100 克蒸熟凉透的南瓜泥放入盆中，加入 60 克水、20 克糖、3 克酵母，搅匀。

2. 加入 240 克中筋面粉搅成絮状。

3. 另取一个小碗，盛一点面絮在小碗中，在小碗中加入 1 克纯黑可可粉。

4. 分别揉成面团，盖好，放温暖地方发酵约 60 分钟。

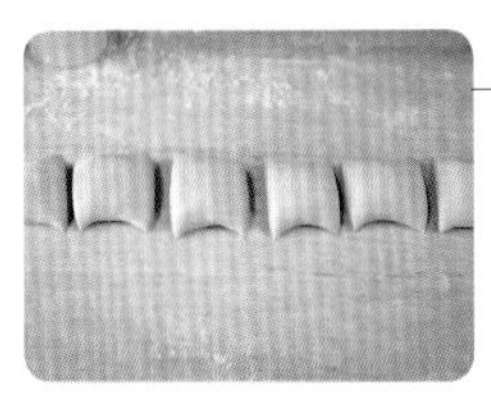

5. 案板上撒面粉，把南瓜面团放案板上揉匀，平均分成 6 份。

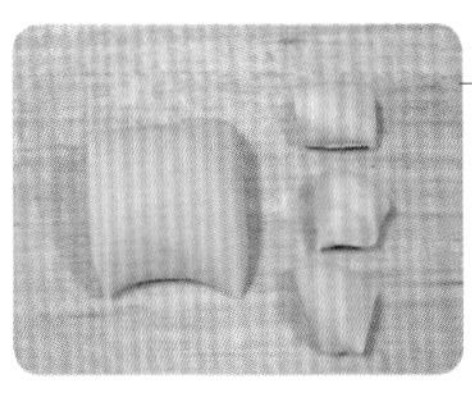

6. 取一个面团，切下来约 1/4，再把切下来的小面团分成 3 份。

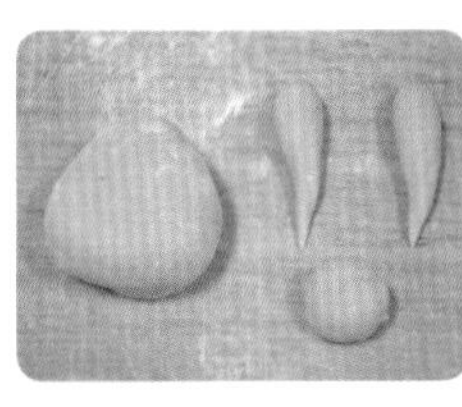

7. 大面团揉圆整理成上窄下宽的形状，小面团 2 个搓成水滴状，1 个搓圆。

8. 把 2 个水滴面团用水粘在大面团后面做耳朵，小圆面团用水粘在大面团中间做鼻子。

9. 揪黑色面团做出表情。

10. 蒸锅放足冷水，蒸屉刷油，把“小熊”们码放在蒸屉上，盖好静置 15~20 分钟，大火烧开，转中火蒸制 15 分钟，关火后闷 5 分钟再出锅。

SHENGDANLAOREN

圣诞老人

平安夜，我把袜子放在床头，您会把礼物塞满袜子吧？

◎ 原料 YUANLIAO

水 220 克
糖 40 克
酵母 4 克
中筋面粉 400 克
红曲粉 1 克
纯黑可可粉少许

二狗妈妈碎碎念

1. 圣诞老人的胡子您还可以随意扭一扭，这样蒸出来的圣诞老人胡子是弯曲的。
2. 如果喜欢老人有红脸蛋，可以出锅后，用小刷子蘸少许红曲粉水刷在脸蛋上。

◎ 做法 ZUOFA

1. 220 克水倒入盆中，加入 40 克糖、4 克酵母搅匀，再加入 400 克中筋面粉。

2. 搅成絮状后，另取一个大碗一个小碗，大碗中盛出 200 克面絮，小碗中盛出 20 克面絮，大碗中加入 1 克红曲粉，小碗中加入少许纯黑可可粉。

3. 分别揉成面团，盖好，放温暖地方发酵约 60 分钟。

4. 案板上撒面粉，把白色面团放案板上揉匀后分成 7 份，把 4 个面团揉圆按扁，其他 3 个面团先盖好备用。

5. 揪红色面团搓圆，用水粘在圆面团中间。

6. 把红色面团平均分成 4 份，取一块红色面团擀开，折起一边。

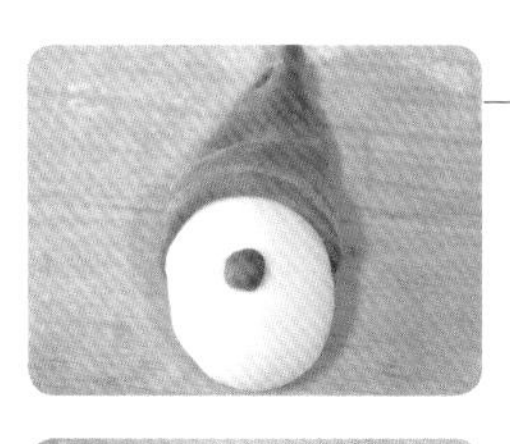

7. 用水黏合在白色圆形面团上方，在背后捏紧收口。依次把帽子都给戴好。

8. 取一块备用的白色面团，给红色帽子贴上白边，安好帽子小球，贴好眉毛。

9. 揪黑色面团做出眼睛。

10. 再取之前备用的 2 块面团，分成 4 份，取一块擀开，对折，用刀切成面条，注意上边不要切断。

11. 用水粘在脸的下方做胡子，依次贴好所有胡子。

12. 蒸锅放足冷水，蒸屉刷油，把“圣诞老人”们码放在蒸屉上，盖好静置 15 ~ 20 分钟，大火烧开，转中火蒸制 15 分钟，关火后闷 5 分钟再出锅。

XIAOSHIZI

小狮子

我是威武的小狮子，可是我也需要好朋友，我们做好朋友好吗？

◎ 原料 YUANLIAO

黄色面团：
南瓜泥 100 克
水 50 克
糖 20 克
酵母 3 克
中筋面粉 220 克

其他面团：
水 80 克
糖 10 克
酵母 1 克
中筋面粉 150 克
纯黑可可粉 2 克

二狗妈妈碎碎念

1. 狮子的鬃毛可以切细点儿，这样看上去更威风。
2. 狮子的鬃毛也可以随意捏一捏，像小狮子没捋顺鬃毛一样。

◎ 做法 ZUOFA

1. 100 克南瓜泥、50 克水、20 克糖、3 克酵母放入盆中，充分搅匀后加入 220 克中筋面粉，和成南瓜面团，盖好放温暖地方发酵约 60 分钟。

2. 另取一个盆，80 克水、10 克糖、1 克酵母放入盆中，加入 150 克中筋面粉搅成絮状。

3. 取出 70 克左右的面絮，在面絮多的那个碗中放入 2 克纯黑可可粉。

4. 分别揉成面团，盖好，放温暖地方发酵约 60 分钟。

5. 案板上撒面粉，把南瓜面团放案板上揉匀后分成 6 份，取一块面团，切掉约 1/4，再把切下来的小面团一分为二。

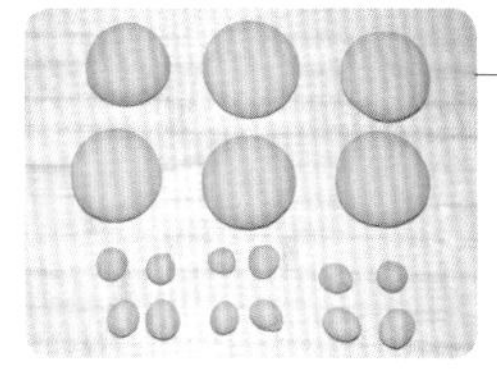

6. 把大面团、小面团都揉圆备用。

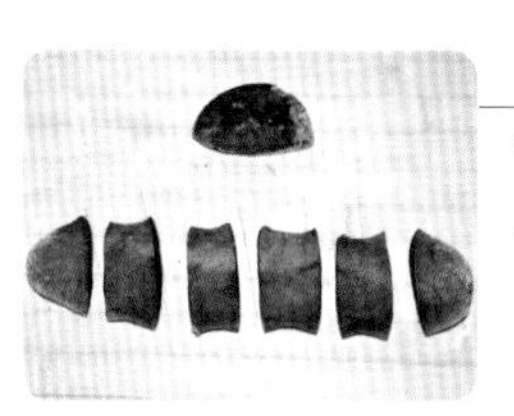

7. 黑色面团分成 7 份，其中留一份备用。

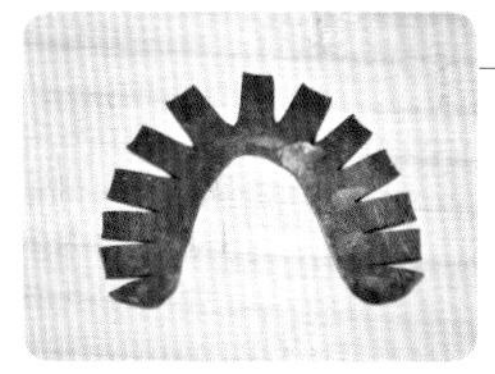

8. 把黑色面团擀成宽长条，用刀切出锯齿状。

9. 用水黏合在南瓜面团一圈，把小的南瓜面团粘在上方做耳朵。

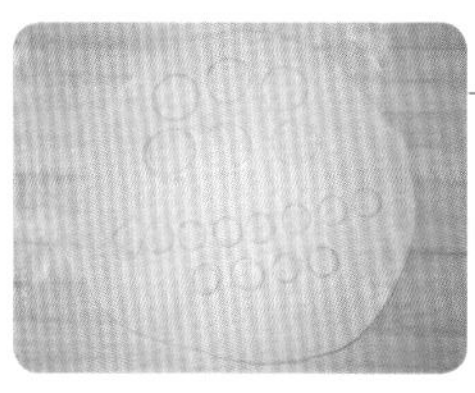

10. 把白色面团擀开，用裱花嘴或者瓶盖扣出 6 个大圆片和 12 个小圆片。

11. 用水黏合在南瓜面团上，再揪预留的黑色面团做出表情，用牙签在嘴巴两侧扎几个眼。

12. 蒸锅放足冷水，蒸屉刷油，把“小狮子”们码放在蒸屉上，盖好静置 15~20 分钟，大火烧开，转中火蒸制 15 分钟，关火后闷 5 分钟再出锅。

JIQIMAO

机器猫

我要好多好多好吃的，你的口袋里都能变出来，我知道的！

◎ 原料 YUANLIAO

紫色面团：
熟紫薯 100 克
水 140 克
糖 20 克
酵母 3 克
中筋面粉 240 克

其他面团：
水 55 克
糖 8 克
酵母 1 克
中筋面粉 100 克
纯黑可可粉少许

二狗妈妈碎碎念

1. 紫薯含水量不太一样，要根据情况调整面粉用量哟。
2. 白色大面片粘在紫色面团稍前下一点的位置，这样就可以给眼睛留出位置了。

◎ 做法 ZUOFA

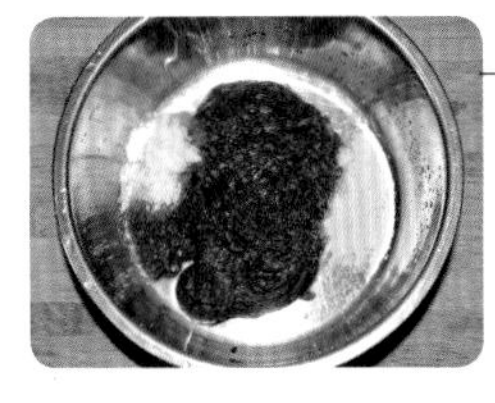

1. 100 克蒸熟的紫薯加 140 克水用料理机打碎后放入盆中，加入 20 克糖、3 克酵母搅匀静置 2 分钟后再次搅匀。

2. 加入 240 克中筋面粉。

3. 揉成面团，盖好，放温暖地方发酵约 60 分钟。

4. 另取一盆，55 克水、8 克糖、1 克酵母放入盆中搅匀后加入 100 克中筋面粉。

5. 搅成絮状后，取小碗盛出 20 克左右面絮，在小碗中加入少许纯黑可可粉。

6. 分别揉成面团，盖好，放温暖地方发酵约 60 分钟。

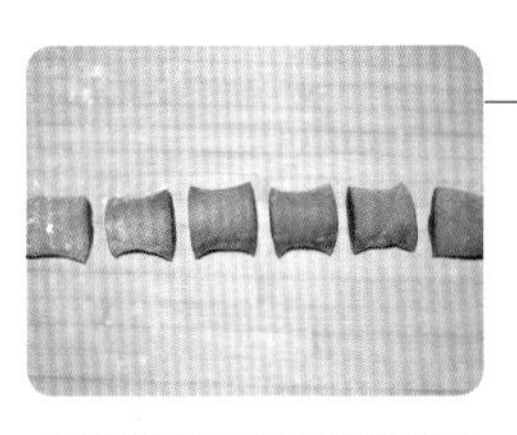

7. 案板上撒面粉，把紫薯面团在案板上揉匀后平均分成 6 份。

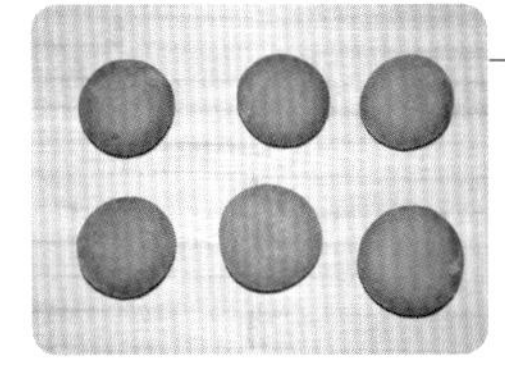

8. 将紫薯面团揉圆按扁备用。

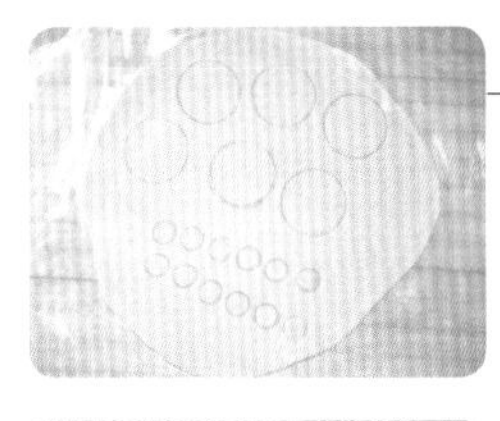

9. 把白色面团擀薄后，用裱花嘴扣出 6 个大圆片和 12 个小圆片。

10. 把白色大圆片用水黏合在紫面团上。

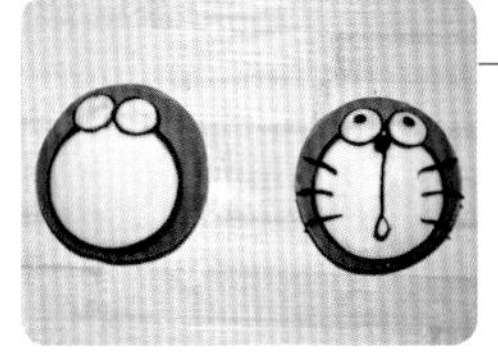

11. 黑色面团搓长后绕白色面团围一圈，再把小的白面团贴在上方，再用黑色面团做出眼眶、眼珠、鼻子、嘴巴和胡子。

12. 蒸锅放足冷水，蒸屉刷油，把“机器猫”们码放在蒸屉上，盖好静置 15～20 分钟，大火烧开，转中火蒸制 15 分钟，关火后闷 5 分钟再出锅。

XIAONIU
小牛
不行不行，我都要笑死了，你看你的脸,是不是大写的一个“囧”！

◎ 原料 YUANLIAO

水 130 克
糖 20 克
酵母 3 克
中筋面粉 240 克
红曲粉少许
纯黑可可粉少许

二狗妈妈碎碎念

1. 红曲粉一定不要放多了，一定要粉嘟嘟才好看。
2. 牛眼睛我做成独眼眶，比较可爱，不喜欢可以不做。

◎ 做法 ZUOFA

1. 130 克水、20 克糖、3 克酵母放入盆中搅匀，再加入 240 克中筋面粉。

2. 搅成絮状后，取两个小碗，分别取出 20 克和 50 克面絮，20 克面絮中加入纯黑可可粉，50 克面絮中加入红曲粉。

3. 分别揉成面团，盖好，放温暖地方发酵约 60 分钟。

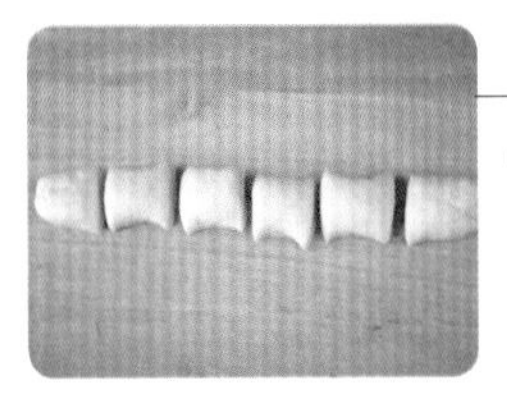

4. 案板上撒面粉，白色面团在案板上揉匀后平均分成 6 份。

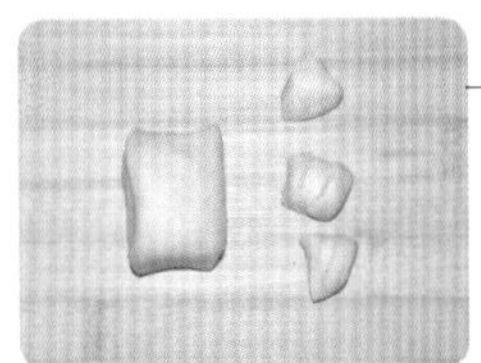

5. 取一份面团，切掉约 1/4，再把切掉的面团分成 3 份。

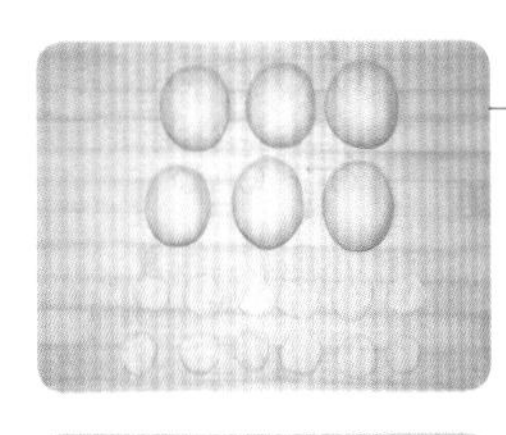

6. 大面团揉成椭圆，小面团揉圆按扁后，其中有 6 个小面团蘸水贴在大面团上方左边或右边。

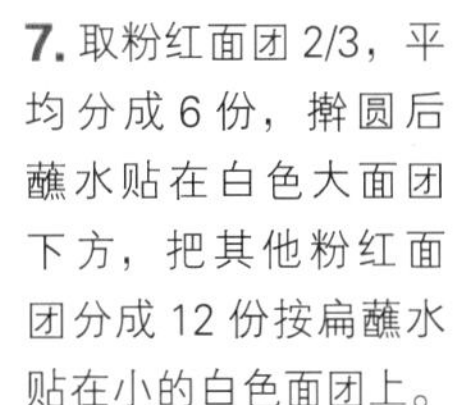

7. 取粉红面团 2/3，平均分成 6 份，搓圆后蘸水贴在白色大面团下方，把其他粉红面团分成 12 份按扁蘸水贴在小的白色面团上。

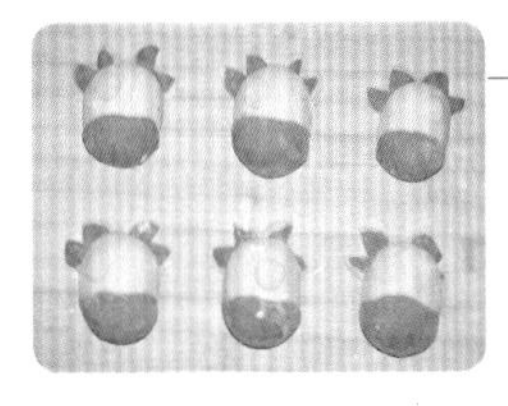

8. 把小圆片剪一个口子，两个一组贴在白色大面团后方，这是牛耳朵。

9. 揪黑色面团做出小牛的表情，用筷子蘸水插出鼻孔。

10. 蒸锅放足冷水，蒸屉刷油，把“小牛”们码放在蒸屉上，盖好静置 15~20 分钟，大火烧开，转中火蒸制 15 分钟，关火后闷 5 分钟再出锅。

MIANBAOCHAOREN

面包超人

我是“面包超人”，我看到肚子饿的小朋友，就会请他们吃掉我，没关系的，果酱爷爷还会给我做出新的脸……

◎ 原料 YUANLIAO

水 130 克
糖 20 克
酵母 3 克
中筋面粉 240 克
红曲粉少许
纯黑可可粉少许

二狗妈妈碎碎念

1. 眉毛一定要细长才好看。
2. 表情可以随您创造，不一定和我的一样。

◎ 做法 ZUOFA

1. 130 克水、20 克糖、3 克酵母放入盆中拌匀。

2. 再加入 240 克中筋面粉。

3. 搅成絮状后，取两个小碗，分别取出 20 克和 50 克面絮，20 克面絮中加入纯黑可可粉，50 克面絮中加入红曲粉。

4. 分别揉成面团，盖好，放温暖地方发酵约 60 分钟。

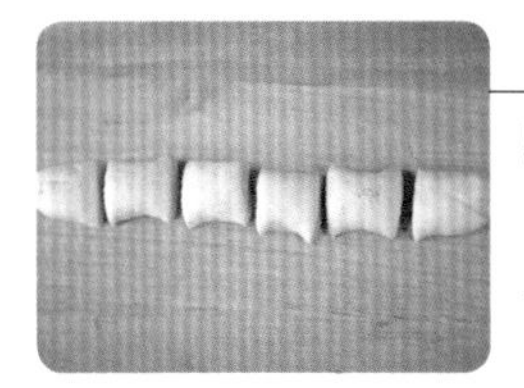

5. 案板上撒面粉，白色面团在案板上揉匀后平均分成 6 份。

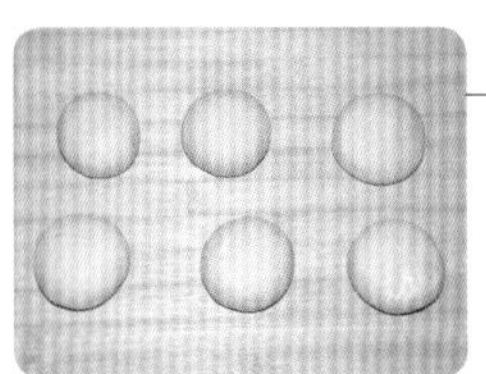

6. 将面团揉圆按扁。

7. 把红色面团搓长，分成 18 份。

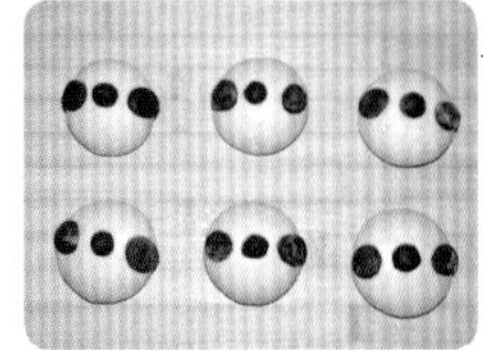

8. 把红色面团揉圆，用水黏合在白色面团上，其中两个脸蛋按扁一点。

9. 揪黑色面团做出眉毛、眼睛和嘴巴。

10. 蒸锅放足冷水，蒸屉刷油，把"面包超人"们码放在蒸屉上，盖好静置 15～20 分钟，大火烧开，转中火蒸制 15 分钟，关火后闷 5 分钟再出锅 。

LVDOUWA

绿豆蛙

爸爸，蜻蜓怎么还不过来和我们玩儿呀？

◎ 原料 YUANLIAO

- 水 130 克
- 糖 20 克
- 酵母 3 克
- 中筋面粉 240 克
- 抹茶粉 3 克
- 红曲粉少许
- 纯黑可可粉少许

二狗妈妈碎碎念

1. 如果不喜欢抹茶粉的味道，绿色面团可以直接用绿色蔬菜汁和成。
2. 白色眼睛一定做大一些才好看。

◎ 做法 ZUOFA

1. 130 克水、20 克糖、3 克酵母放入盆中搅拌均匀，再加入 240 克中筋面粉。

2. 搅成絮状后，另取 3 个小碗，各取出一点面絮，一个小碗中加入纯黑可可粉，一个小碗中加入红曲粉，在大盆中加入 3 克抹茶粉。

3. 分别和成面团，盖好，在温暖的地方发酵约 60 分钟。

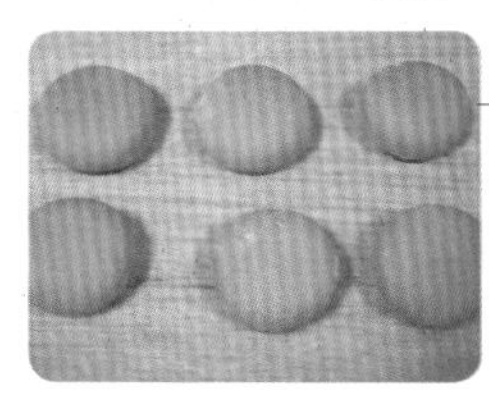

4. 案板上撒面粉，把绿色面团分成 6 份揉圆按扁。

5. 先揪白色面团做出眼睛，再揪黑色面团做出眼珠和嘴巴，最后用红色面团做出脸蛋。

6. 蒸锅放足冷水，蒸屉刷油，把"绿豆蛙"们码放在蒸屉上，盖好静置 15~20 分钟，大火烧开，转中火蒸制 15 分钟，关火后闷 5 分钟再出锅。

LONGMAO

龙猫

我是大自然的精灵——龙猫，只有心地善良纯洁的孩子才能看到我……

◎ 原料 YUANLIAO

水 130 克
糖 20 克
酵母 3 克
中筋面粉 240 克
黑芝麻粉 30 克
纯黑可可粉 1 克

二狗妈妈碎碎念

1. 黑芝麻粉可以自制：把黑芝麻炒香后擀碎或者用研磨机打碎即可。
2. 做肚子上纹路的时候一定要有些耐心，搓细一些才好看。

◎ 做法 ZUOFA

1. 130 克水、20 克糖、3 克酵母放入盆中搅拌均匀，再加入 240 克中筋面粉。

2. 搅成絮状后，取两个小碗，分别盛出一点面絮，约 20 克和 70 克。在小碗中放入 1 克纯黑可可粉，在大盆中加入 30 克黑芝麻粉。

3. 分别揉成面团，盖好，放温暖地方发酵约 60 分钟。

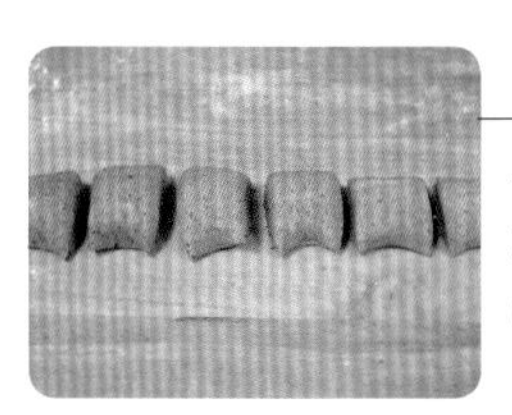

4. 案板上撒面粉，把灰色面团放案板上分成 6 份。

5. 取一块面团，切下来两小块，大面团揉成椭圆形，小面团搓成枣核形。

6. 把小面团用水粘在圆面团后上方。

7. 把白色面团擀开，用大号裱花嘴或者合适的瓶盖扣出 6 个圆面片。

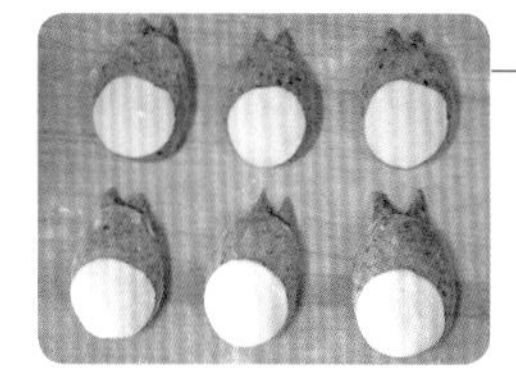

8. 面片用水粘在灰色面团下方。

9. 再揪白色面团做出眼睛。

10. 揪黑色面团做出眼珠、鼻子、胡子和肚子上的纹路。

11. 蒸锅放足冷水，蒸屉刷油，把“龙猫”们码放在蒸屉上，盖好静置 15~20 分钟，大火烧开，转中火蒸制 15 分钟，关火后闷 5 分钟再出锅。

XIAOJI
小鸡
我们破壳而出啦！抖抖羽毛，我们去找好吃的吧！

◎ 原料 YUANLIAO

黄色面团：
南瓜泥 100 克
水 40 克
糖 20 克
酵母 2 克
中筋面粉 200 克

其他面团：
水 40 克
糖 8 克
酵母 1 克
中筋面粉 80 克
纯黑可可粉少许
红曲粉少许

二狗妈妈碎碎念

1. 南瓜泥含水量不同，您要根据情况调整面粉用量哟。
2. 修剪“蛋壳”的时候，不要太规整的齿状才好看。
3. 用不完的面团可以做小鸡的装饰，蝴蝶结之类的。

◎ 做法 ZUOFA

1. 100 克蒸熟凉透的南瓜泥、40 克水、20 克糖、2 克酵母放入盆中搅匀，加入 200 克中筋面粉。

2. 揉成面团，盖好，放温暖地方发酵约 60 分钟。

3. 另取一个碗，40 克温水、8 克糖、1 克酵母倒入碗中搅拌均匀，加入 80 克中筋面粉搅成絮状。

4. 再取两个小碗，各盛出一小团面絮，一个小碗中加入一点纯黑可可粉，另一个小碗中加入一点红曲粉。

5. 分别揉成面团，盖好，放温暖地方发酵约 60 分钟。

6. 案板上撒面粉，把黄色面团放案板上揉匀，平均分成 6 份揉圆。

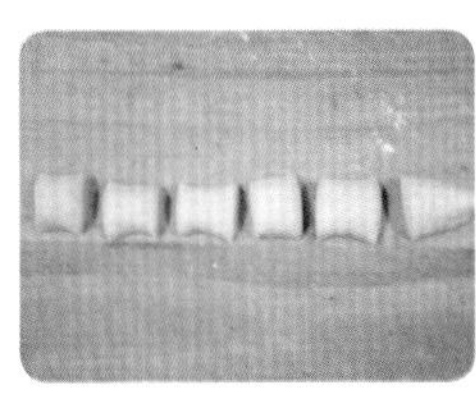

7. 白色面团揉长分成 6 份。

8. 取一块面团揉圆按扁擀成圆片，用剪刀把边缘剪出尖齿状。

9. 在白面片上抹水，把黄色圆面团放在白面片中间整理成圆形，依次做好 6 个。

10. 揪红色面团做小鸡嘴巴，用剪刀横剪一刀就可以了。

11. 再揪一些黑色面团做眼睛。

12. 蒸锅放足冷水，蒸屉刷油，把“小鸡”们码放在蒸屉上，盖好静置 15~20 分钟，大火烧开，转中火蒸制 15 分钟，关火后闷 5 分钟再出锅。

XIONGBENXIONG

熊本熊

大家都说我呆萌，我呆吗？我觉得自己只有萌，没有呆……

◎ 原料 YUANLIAO

水 130 克
糖 20 克
酵母 3 克
中筋面粉 240 克
纯黑可可粉 2 克
竹炭粉 1 克
红曲粉少许

二狗妈妈碎碎念

1. 没有竹炭粉可不放，只不过皮肤没有这么黑哟。
2. 眼睛和嘴巴中间要划一刀，这是难点，要有些耐心哟。

◎ 做法 ZUOFA

1. 130 克水、20 克糖、3 克酵母放入盆中搅匀。

2. 加入 240 克中筋面粉。

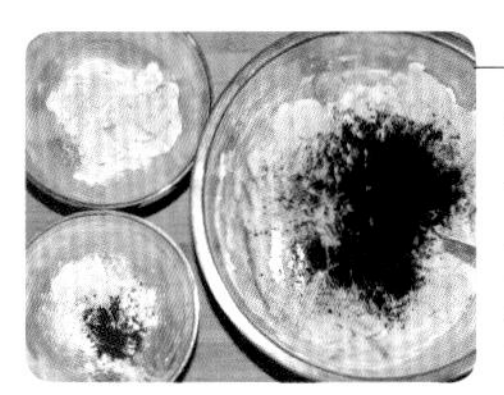

3. 搅成絮状后，取两个小碗，分别取出 20 克和 50 克面絮，20 克面絮中加入少许红曲粉，大盆中加入 2 克纯黑可可粉和 1 克竹炭粉。

4. 分别揉成面团，盖好，放温暖地方发酵约 60 分钟。

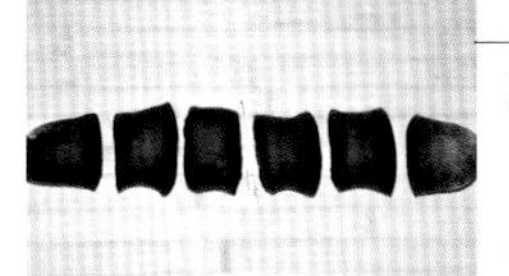

5. 案板上撒面粉，黑色面团在案板上揉匀后平均分成 6 份。

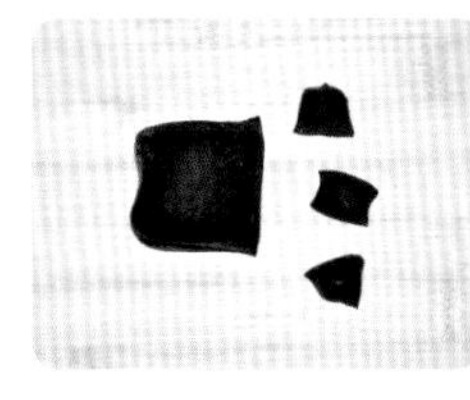

6. 取一块面团，切下来约 1/4，再把小面团平均分成 3 块。

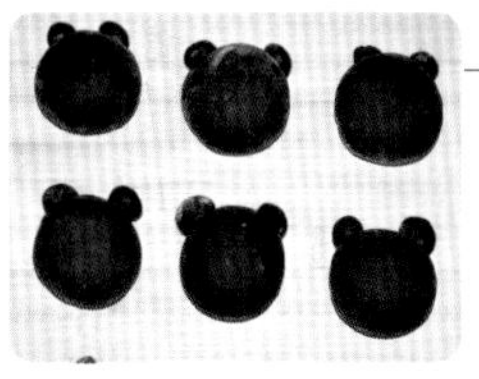

7. 分别揉圆后，两个小面团用水黏合在大面团上方做耳朵，另外一个小面团先备用。

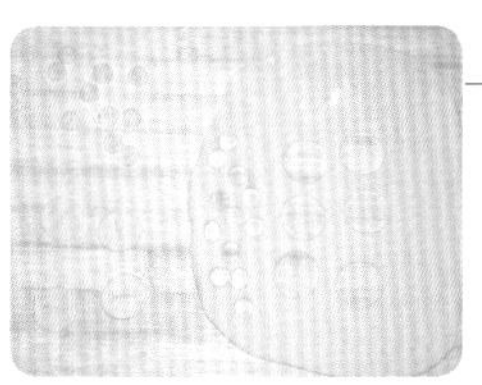

8. 把白色面团擀开，用裱花嘴扣出 6 个大圆片和 12 个小圆片，并在每一个圆片中间划一刀。

9. 把面片如图放在合适位置，预留的小黑面团做鼻子，揪红色面团做脸蛋，再揪白色面团做眉毛和耳朵。

10. 蒸锅放足冷水，蒸屉刷油，把“熊本熊”们码放在蒸屉上，盖好静置 15~20 分钟，大火烧开，转中火蒸制 15 分钟，关火后闷 5 分钟再出锅。

MILAOSHU

米老鼠

从看到你的那一刻起，我就知道自己爱上了你……

◎ 原料 YUANLIAO

水 130 克
糖 20 克
酵母 3 克
中筋面粉 240 克
纯黑可可粉 3 克
红曲粉少许

二狗妈妈碎碎念

1. 有眼眶的米老鼠难度系数更高些。
2. 米妮的嘴巴其实就是 3 个小红色面团放在一起哟！
3. 如果觉得太麻烦可以不给米妮粘眼睫毛。

◎ 做法 ZUOFA

1. 130 克水、20 克糖、3 克酵母放入盆中搅匀，再加入 240 克中筋面粉。

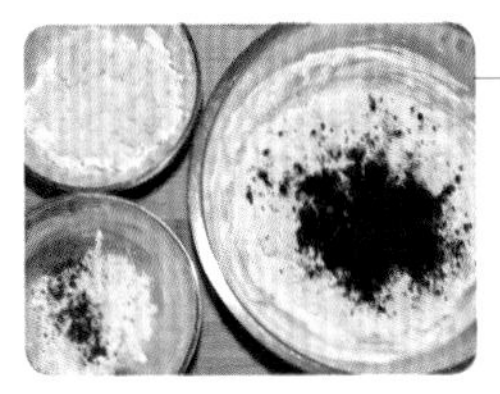

2. 搅成絮状后，取两个小碗，分别取出 20 克和 50 克面絮，20 克面絮中加入红曲粉，大面盆中加入 3 克纯黑可可粉。

3. 分别揉成面团，盖好，放温暖地方发酵约 60 分钟。

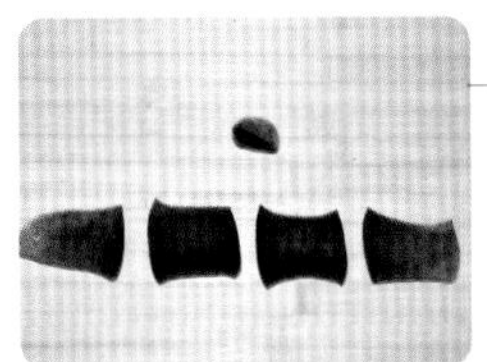

4. 案板上撒面粉，把黑色面团放案板上揉匀后搓长，切掉一点备用，其他面团分成 4 份。

5. 取一块面团，切掉 1/3，再把小面团一分为二后，分别揉圆，把小面团用水黏合在大面团上方做耳朵。

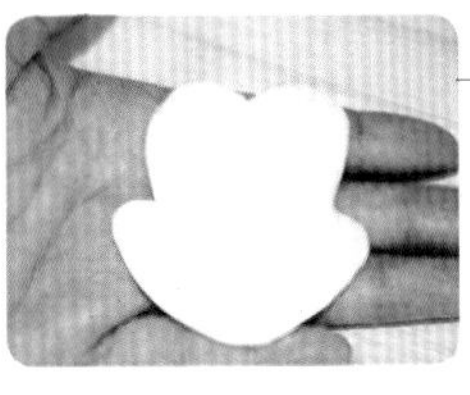

6. 白色面团擀薄，剪出米老鼠脸的形状。

7. 用水黏合在黑色面团上。

8. 揪预留的黑色面团做出表情，揪红色面团做出脸蛋。

9. 这是米老鼠的女朋友米妮，她有蝴蝶结和红嘴唇哟。

10. 蒸锅放足冷水，蒸屉刷油，把“米老鼠”们码放在蒸屉上，盖好静置 15～20 分钟，大火烧开，转中火蒸制 15 分钟，关火后闷 5 分钟再出锅。

MT
MT
关于这个游戏形象我了解得不多，为什么要做这个卡通馒头呢？有一天先生给我发了个图片，挑衅地问我：“你能把他做出来吗？”然后我就做出来啦……

◎ 原料 YUANLIAO

黄色面团：	其他面团：
南瓜泥 100 克	水 40 克
水 50 克	糖 5 克
糖 20 克	酵母 1 克
酵母 3 克	中筋面粉 80 克
中筋面粉 220 克	纯黑可可粉 1 克

◎ 做法 ZUOFA

1. 100 克南瓜泥、50 克水、20 克糖、3 克酵母放入盆中，充分搅匀后加入 220 克中筋面粉，和成南瓜面团，盖好放温暖地方发酵约 60 分钟。

2. 另取一个碗，40 克水、5 克糖、1 克酵母放入盆中，加入 80 克中筋面粉搅成絮状。

3. 再取一个碗，分出一半面絮，在其中一碗中加入 1 克纯黑可可粉。

4. 分别揉成面团，盖好，发酵约 60 分钟。

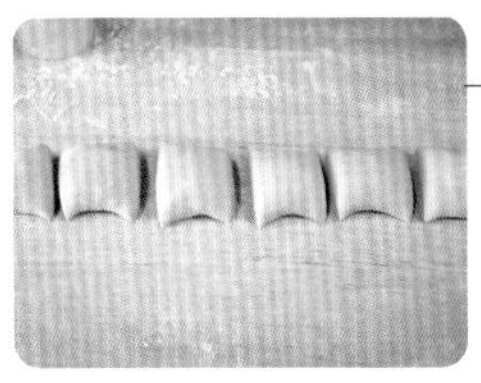

5. 案板上撒面粉，把南瓜面团放案板上揉匀，分成 6 份。

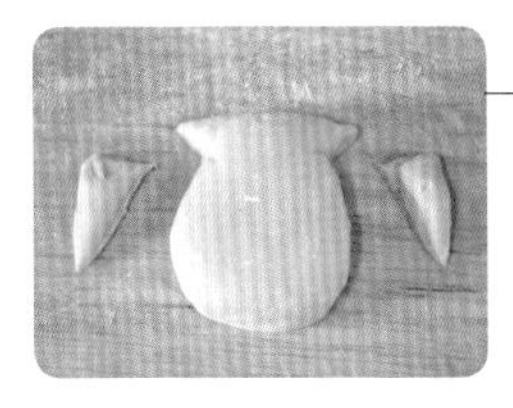

6. 取一块面团揉圆按扁，用刀这样切下两角，依次做好 6 个。

7. 揪白色面团擀开，用水粘在脸上做眼睛。

8. 再揪黑色面团做出眉毛、眼睛和犄角。

9. 筷子蘸水插出鼻孔。

10. 把白色面团搓成面柱，然后两端插入鼻孔，做成鼻环。

11. 再揪黑色面团做脸上的皱褶。

12. 蒸锅放足冷水，蒸屉刷油，把“MT”们码放在蒸屉上，盖好静置 15 ~ 20 分钟，大火烧开，转中火蒸制 15 分钟，关火后闷 5 分钟再出锅。

二狗妈妈碎碎念

1. 南瓜含水量不一样，您要根据情况调整面粉用量哟。
2. 注意眼珠中间有个小白点，这样做出来更有神采。
3. 脸蛋上的那几条皱褶，要有耐心一些，搓细一点才好看。

XIAOQIE
小企鹅
天好热呀，我们的
冰都快融化啦……

◎ 原料 YUANLIAO

水 130 克
糖 20 克
酵母 3 克
中筋面粉 240 克
纯黑可可粉 2 克

黄色面团：
南瓜泥 30 克
水 20 克
酵母 1 克
中筋面粉 80 克

二狗妈妈碎碎念

1. 剪酒瓶形状的面团大概像就行啦，不需要十分规整。
2. 把小企鹅立起来，蒸出来会有一点倾斜，介意的话，就不立。

◎ 做法 ZUOFA

1. 130 克水、20 克糖、3 克酵母放入盆中搅匀，再加入 240 克中筋面粉。

2. 搅成絮状后，取小碗盛出 80 克左右面絮，在小碗中加入 2 克纯黑可可粉。

3. 分别揉成面团，盖好，放温暖地方发酵约 60 分钟。

4. 30 克蒸熟凉透的南瓜泥、20 克水、1 克酵母搅匀后加入 80 克中筋面粉和成面团，盖好放温暖的地方发酵约 60 分钟。

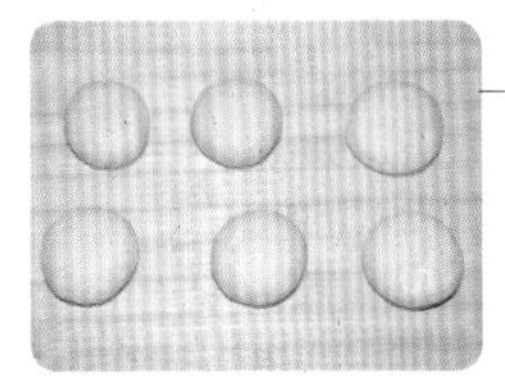

5. 案板上撒面粉，白色面团在案板上揉匀后平均分成 6 份，揉圆。

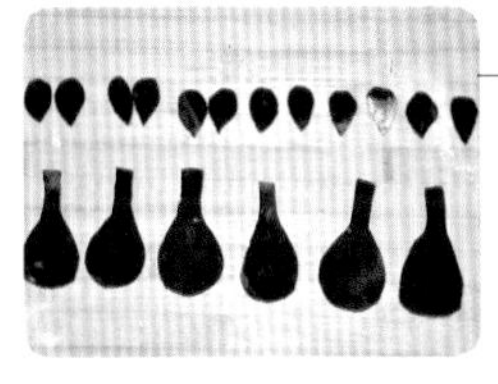

6. 把黑色面团擀薄，剪出 6 个酒瓶形状和 12 个水滴形状。

7. 用水黏合在白色面团上，图中左边是正面，右边是反面。

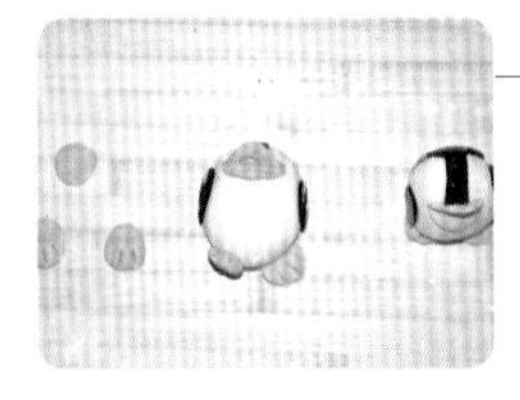

8. 用黄色面团做出嘴巴和脚，分别粘好，嘴巴粘好后，用刀背在中间横压一下就像小嘴巴了。

9. 再揪黑色面团做眼睛，把整个馒头立起来（也可以不立）。

10. 蒸锅放足冷水，蒸屉刷油，把“小企鹅”们码放在蒸屉上，盖好静置 15～20 分钟，大火烧开，转中火蒸制 15 分钟，关火后闷 5 分钟再出锅。

XIAOMAOZHUA

小猫爪

一步、两步、三步……我要抓住那只小鸟……

◎ 原料 YUANLIAO

水 130 克
糖 20 克
酵母 3 克
中筋面粉 240 克
红曲粉少许

◎ 做法 ZUOFA

1. 130 克水、20 克糖、3 克酵母放入盆中搅匀，再加入 240 克中筋面粉。

2. 搅成絮状后，取一个小碗，盛出一点面絮（约 80 克），在小碗中加入红曲粉。

3. 分别揉成面团，盖好，放温暖地方发酵 60 分钟。

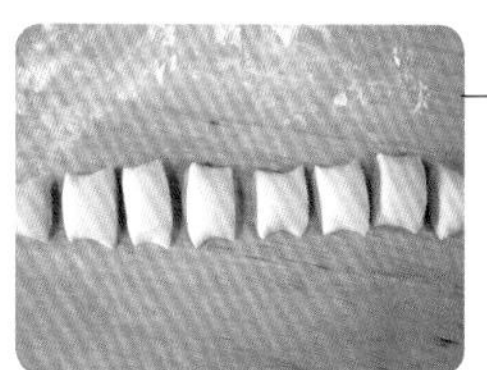

4. 案板上撒面粉，把白色面团放案板上揉匀，分成 8 份。

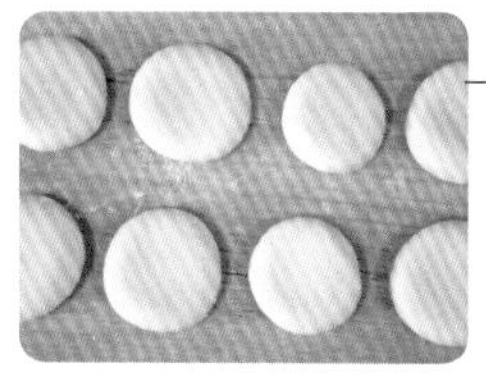

5. 分别揉圆按扁备用。

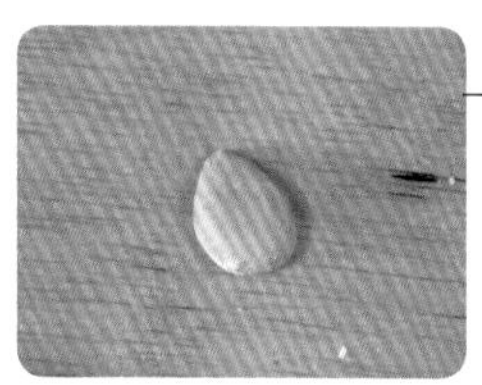

6. 揪一块粉色面团（一元硬币大小），整理成水滴状。

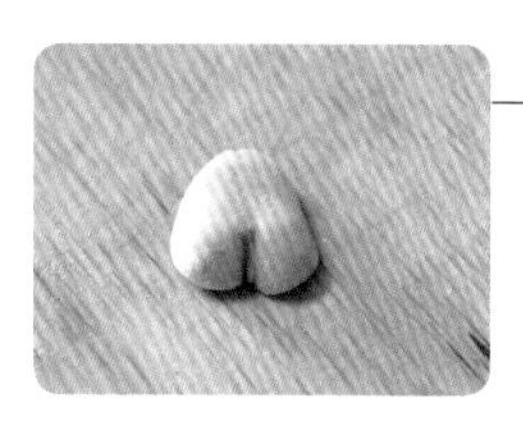

7. 接着用小刀背面向上压，整理成小桃心形状。

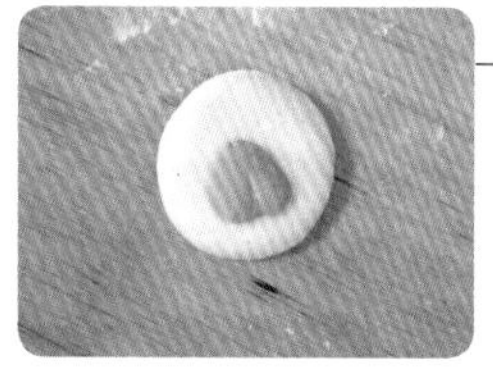

8. 然后用水粘在白色圆饼下方。

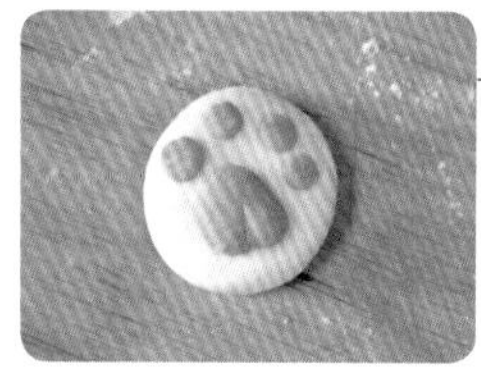

9. 再揪 4 个粉色面团揉圆粘在桃心上方。

10. 蒸锅放足冷水，蒸屉刷油，把“小猫爪”码放在蒸屉上，盖好静置 15~20 分钟，大火烧开，转中火蒸制 12 分钟，关火后闷 5 分钟再出锅。

二狗妈妈碎碎念

1. 红曲粉不要放太多，颜色太重就不好看啦。
2. 猫爪的中心小肉垫，一定做成桃心才好看，实在觉得麻烦，做成圆形也可以。

LABIXIAOXIN

蜡笔小新

妈妈,我跟您说了多少次了我不爱吃青椒!
小新呀，那个不是青椒，那是辣椒!
还不都是一样!哼，不喜欢 ~~~

◎ 原料 YUANLIAO

水 130 克
糖 20 克
酵母 3 克
中筋面粉 240 克
纯黑可可粉 1 克
红曲粉少许

◎ 做法 ZUOFA

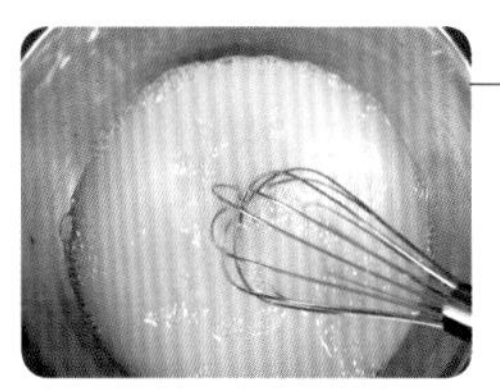

1. 130 克水、20 克糖、3 克酵母搅匀。

2. 加入 240 克中筋面粉。

3. 搅成絮状后，取两个小碗，分别盛出 80 克、20 克面絮，80 克面絮碗中加入 1 克纯黑可可粉，20 克面絮碗中加入少许红曲粉。

4. 分别揉成面团，盖好，放温暖地方发酵 60 分钟。

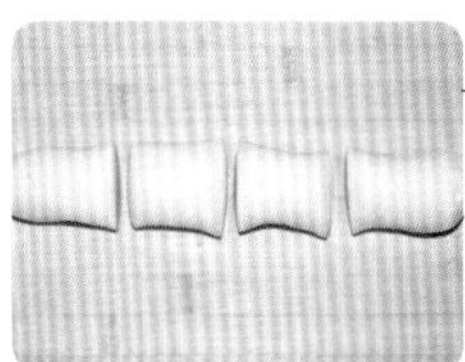

5. 案板上撒面粉，把白色面团放案板上揉匀后分成 4 份。

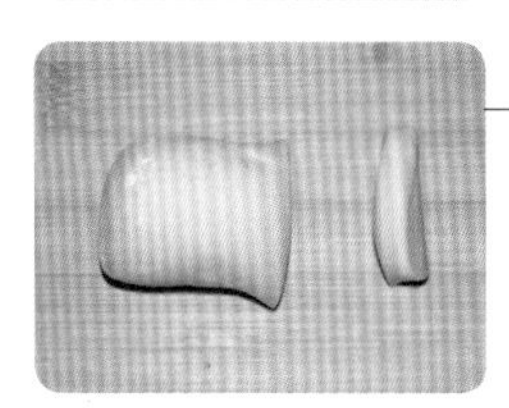

6. 取一块面团，切掉一点点。

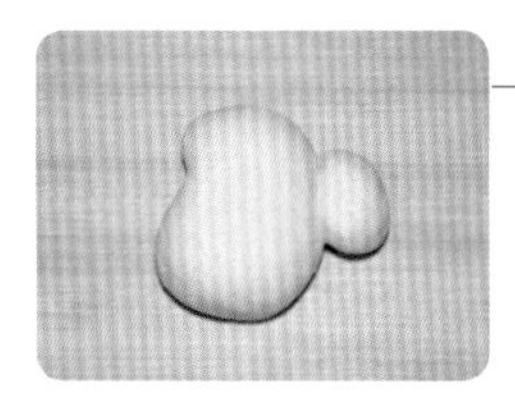

7. 分别揉圆，大面团做成胖腰果形状，把小面团用水粘在大面团一侧。

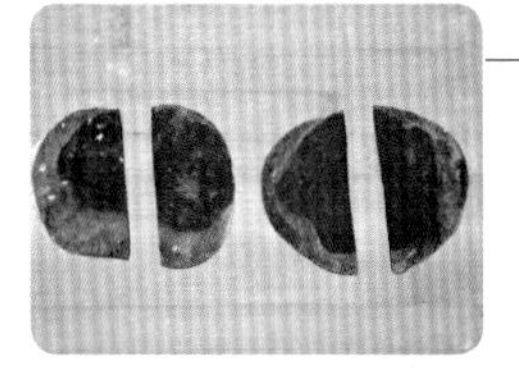

8. 揪 2 块黑色面团，擀圆后一分为二，就得到了 4 个半圆形黑面片。

9. 用水粘在白色面团上方做小新的头发（背面如图）。

10. 揪黑色面团做出小新的眉毛和眼睛。

11. 揪粉色面团做出小新的脸蛋和嘴巴。

12. 蒸锅放足冷水，蒸屉刷油，把“小新”们码放进锅中，盖好静置 15～20 分钟，大火烧开，转中火蒸制 15 分钟，关火后闷 5 分钟再出锅。

二狗妈妈碎碎念

1. 小新的眉毛一定要粗粗的才可爱。
2. 小新的表情随您创造，不一定和我的一样哟。

QINGSONGXIONG

轻松熊

看你嘴角翘着，我就知道你内心的欢乐……

◎ 原料 YUANLIAO

水 130 克
糖 20 克
酵母 3 克
中筋面粉 240 克
普通可可粉 5 克
纯黑可可粉 1 克

二狗妈妈碎碎念

1. 没有合适工具扣出白色面片，那就揪一块面团，揉圆擀开就行啦。
2. 剩余的黑色面团可以做成蝴蝶结。

◎ 做法 ZUOFA

1. 130 克水、20 克糖、3 克酵母放入盆中搅匀。

2. 盆内加入 240 克中筋面粉。

3. 搅成絮状后，取两个小碗，分出一点面絮，每个小碗约 30 克，在大盆中加入 5 克普通可可粉，一个小碗中加入 1 克纯黑可可粉。

4. 分别揉成面团，盖好，放温暖地方发酵约 60 分钟。

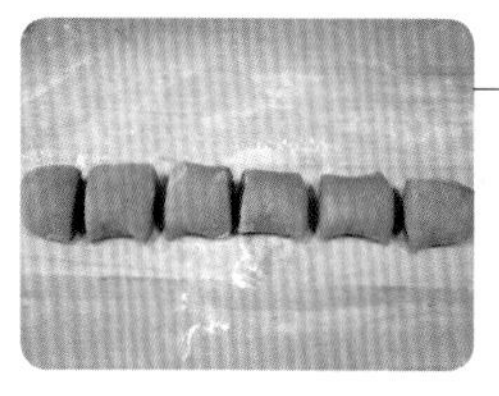

5. 案板上撒面粉，把咖啡色面团放案板上揉匀，分成 6 份。

6. 取一块面团，切掉约 1/4，把切下来的小面团再一分为二。

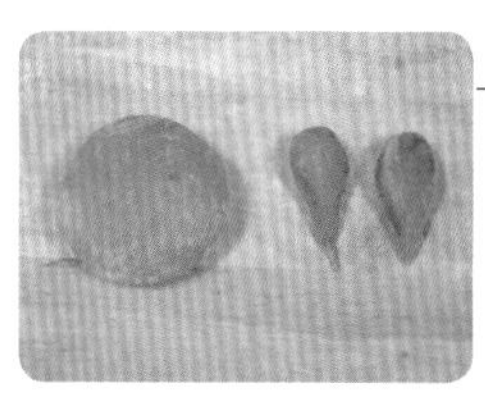

7. 大面团揉圆按扁，小面团搓成水滴状。

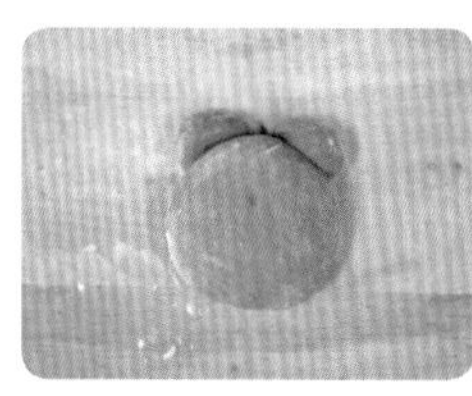

8. 用水把小面团粘在圆面团后面。

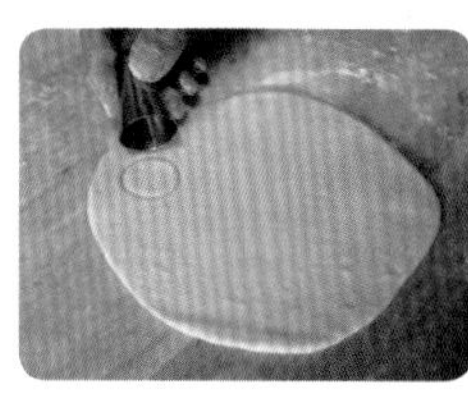

9. 用大号裱花嘴或小瓶盖扣出 6 个圆片。

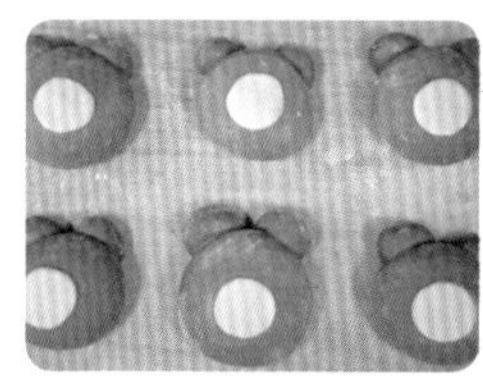

10. 将圆片用水粘在小熊脸中央。

11. 揪黑色面团做出小熊的眼睛和嘴巴。

12. 蒸锅放足冷水，蒸屉刷油，把“轻松熊”们码放在蒸屉上，盖好静置 15～20 分钟，大火烧开，转中火蒸制 15 分钟，关火后闷 5 分钟再出锅。

XIAOHOUZI

小猴子

好多香蕉，好多香蕉，我要这个，我要这个！

◎ 原料 YUANLIAO

水 130 克
糖 20 克
酵母 3 克
中筋面粉 240 克
普通可可粉 3 克
纯黑可可粉少许
红曲粉少许

二狗妈妈碎碎念

1. 剪小猴子脸的形状时，可以先剪一个圆形，再修脸型就容易多了。
2. 小猴子发型剪几刀即可，可深可浅。

◎ 做法 ZUOFA

1. 130 克水、20 克糖、3 克酵母放入盆中搅匀。

2. 盆内再加入 240 克中筋面粉。

3. 搅成絮状后，取 3 个小碗，分别取出 50 克、20 克、20 克面絮，两个 20 克面絮中分别加入红曲粉和纯黑可可粉，大盆中加入 3 克普通可可粉。

4. 分别揉成面团，盖好，放温暖地方发酵约 60 分钟。

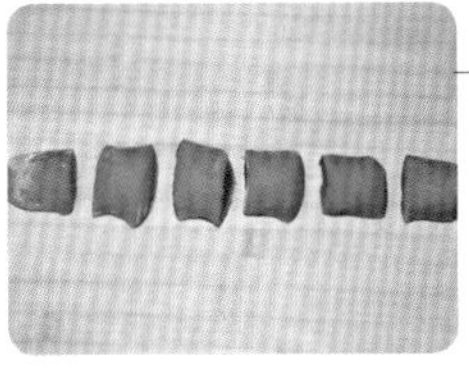

5. 案板上撒面粉，咖啡色面团在案板上揉匀后平均分成 6 份。

6. 取一块面团，切下来 1/4，把小面团再一分为二。

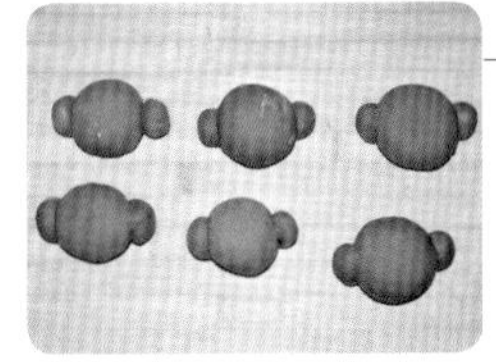

7. 分别揉圆后，用水把小面团黏合在大面团两侧。

8. 白色面团擀薄，剪出小猴脸的形状。

9. 用水粘在咖啡色面团上，用黑面团做出眼睛和嘴巴，揪粉色面团做脸蛋，用剪刀剪出发型。

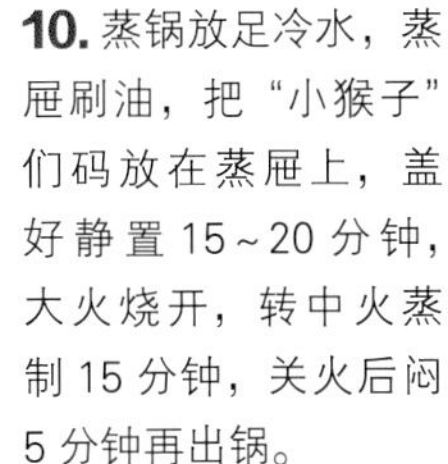

10. 蒸锅放足冷水，蒸屉刷油，把“小猴子”们码放在蒸屉上，盖好静置 15~20 分钟，大火烧开，转中火蒸制 15 分钟，关火后闷 5 分钟再出锅。

DANHUANGJUN

蛋黄君

我有异常没骨气的姿态，
我永远睡不醒，我根本
就不想动……

◎ 原料 YUANLIAO

黄色面团：
南瓜泥 60 克
水 20 克
糖 8 克
酵母 1 克
中筋面粉 100 克

其他面团：
水 130 克
糖 20 克
酵母 3 克
中筋面粉 240 克
纯黑可可粉少许

二狗妈妈碎碎念

1. “蛋黄君”的动作和表情自己可以发挥想象调整。
2. 有的蛋黄君有胳膊和腿，有的没有，都无所谓，看您的喜欢咯。

◎ 做法 ZUOFA

1. 60 克蒸熟凉透的南瓜泥、20 克水、8 克糖、1 克酵母放入盆中搅匀，加入 100 克中筋面粉，和成南瓜面团。

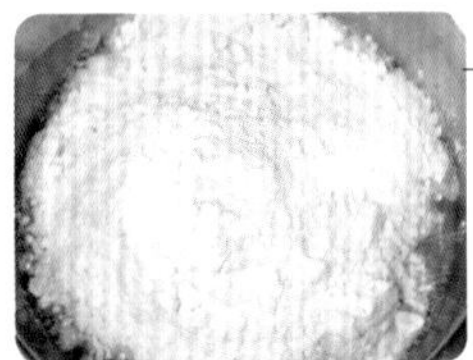

2. 另取一个盆，130 克水倒入盆中，加入 20 克糖、3 克酵母搅匀，再加入240克中筋面粉。

3. 搅成絮状后，取一个小碗，盛出一点面絮在小碗中加入一点纯黑可可粉，分别揉成面团。

4. 3 种面团盖好静置约 1 小时。

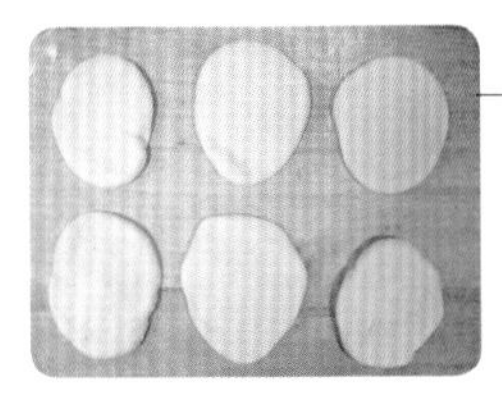

5. 案板上撒面粉，把白色面团放到案板上揉匀，分成 6 份，分别揉圆擀开。

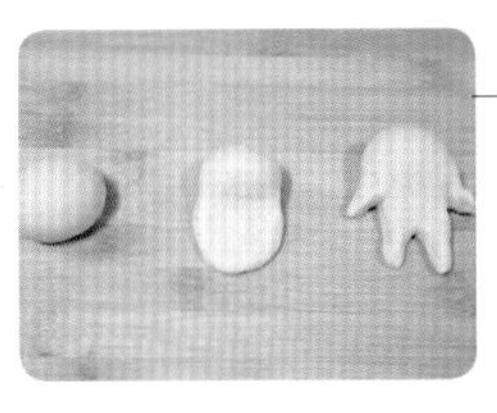

6. 黄色面团分成 6 份，取 1 份搓圆后按扁一半面团，用剪刀剪出胳膊和腿。

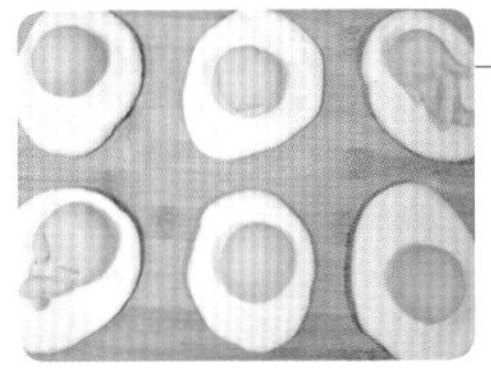

7. 把黄色面团用水黏合在白色面团上。

8. 再揪黑色面团做出表情。

9. 蒸锅放足冷水，蒸屉刷油，把“蛋黄君”们码放在蒸屉上，盖好静置 15～20 分钟，大火烧开，转中火蒸制 13 分钟，关火后闷 5 分钟再出锅。

CHAPTER

2

卷

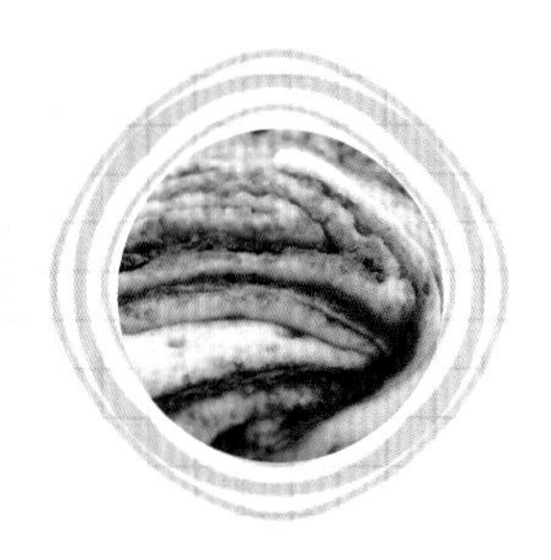

为啥只用一个“卷”字来说明本章节的内容呢?

因为本章节不仅有花卷，还有肉龙、香肠卷、玫瑰花一样的肉卷等，“卷”，在本章节里就是一个制作手法哟。

我喜欢各种卷，把面团擀开，撒些油盐卷起来，就算不拧出花儿，都非常好吃，如果再加些小葱或是花椒粉，更是提味儿。由于篇幅有限，我把微博中大家喜欢的几种花卷收录进来，并且增加了新的卷卷，比如说，把鸡翅卷进去，您吃过吗?

XIANGCONGHUAJUAN

香葱花卷

又香又软的一款花卷，个头不大，两口1个，我可以吃5个！

◎ 原料 YUANLIAO

水 140 克
酵母 3 克
中筋面粉 240 克
油少许
盐 3 克
香葱碎少许

二狗妈妈碎碎念

1. 如果不会卷花卷，那直接把两个小段叠放在一起，用筷子在中间压一下就可以啦。
2. 不喜欢香葱，可以不放，就是原味花卷啦。

◎ 做法 ZUOFA

1. 140 克水加 3 克酵母搅匀，加入 240 克中筋面粉。

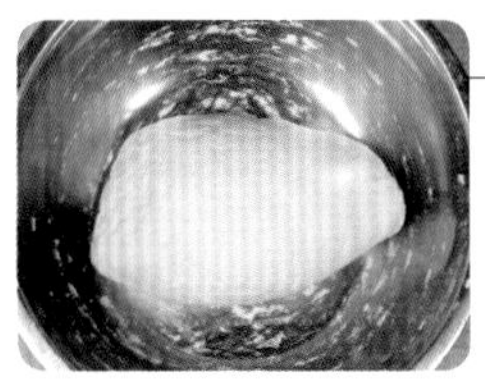

2. 揉成面团，盖好，放温暖地方发酵约 60 分钟。

3. 发酵好的面团放案板上擀开（案板上撒面粉防粘）。

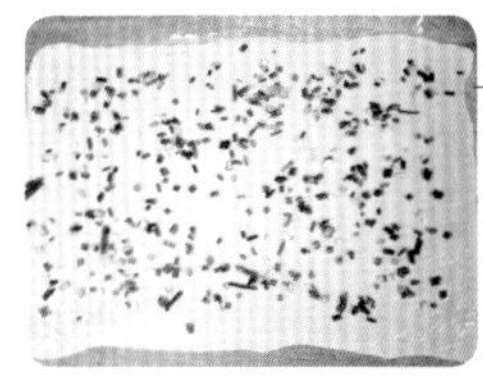

4. 均匀刷一层油，撒一点盐（约 3 克），放香葱碎。

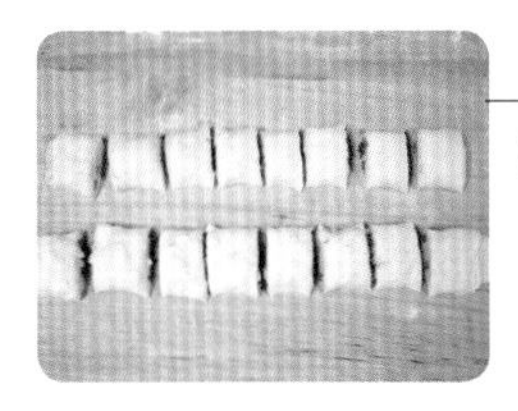

5. 卷起来，切小段。

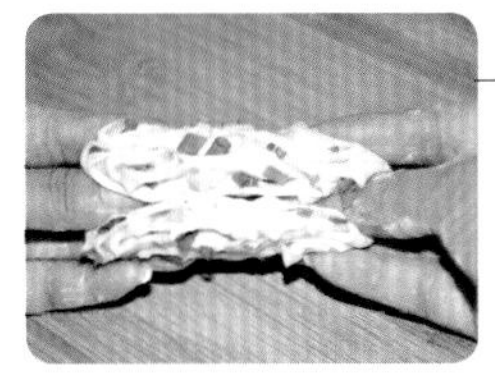

6. 两小段叠放一起，双手捏紧两端向外抻拉。

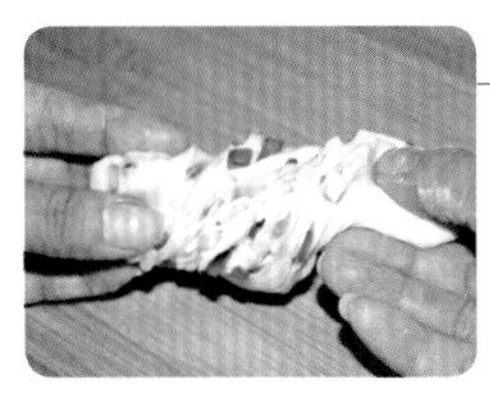

7. 一手往外翻，一手往内折，把两端放在后面捏紧。

8. 蒸锅放足冷水，蒸屉刷油，把花卷码放在蒸屉上，盖好静置 15～20 分钟，大火烧开，转中火蒸制 13 分钟，关火后闷 3 分钟再出锅。

SHENGJIANNANGUAHUAJUAN

生煎南瓜花卷

有时候早上时间太紧，我就在前一天晚上把面和好，花卷拧好放在平底锅里，冰箱冷藏，第二天早上把锅拿出来，室温回温十几分钟后就可以开火煎熟啦。再搭配一碗粥，一个小咸菜，早饭妥妥搞定……

◎ 原料 YUANLIAO

- 南瓜泥 100 克
- 水 30 克
- 酵母 2 克
- 中筋面粉 160 克
- 盐 2 克
- 白芝麻少许
- 香葱碎少许

二狗妈妈碎碎念

1. 花卷个头一定不能太大，否则不容易煎熟哟。
2. 煎花卷的时候，一定要盖好锅盖，尤其是加入冷水后，要等水蒸气变少再打开锅盖哟。

◎ 做法 ZUOFA

1. 100 克蒸熟凉透的南瓜泥放入盆中，加入 30 克水、2 克酵母。

2. 搅匀后加入 160 克中筋面粉。

3. 揉成面团，盖好，放温暖地方发酵 60 分钟。

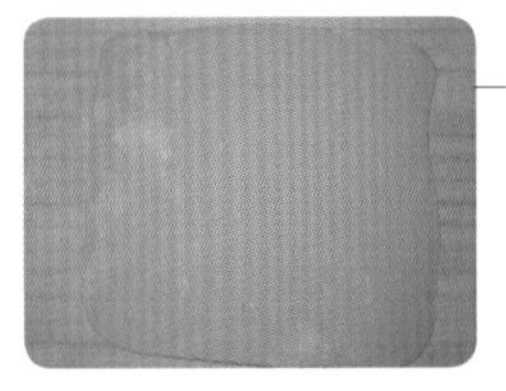

4. 案板上撒面粉，把面团揉匀后擀成大薄片。

5. 薄薄刷一层油，撒 2 克盐，再撒一层白芝麻。

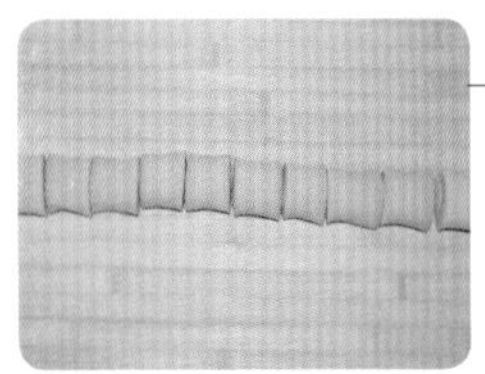

6. 卷起来后，切段。

7. 取一个面段，从中间用筷子压一下。

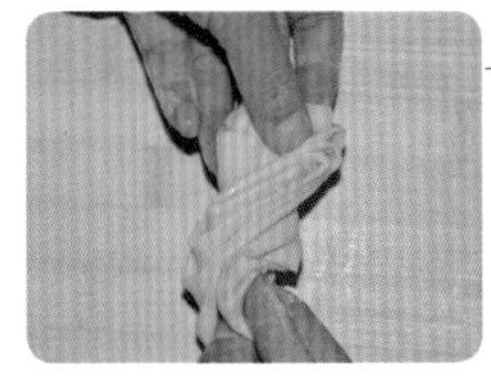

8. 双手捏住两端，拧一下。

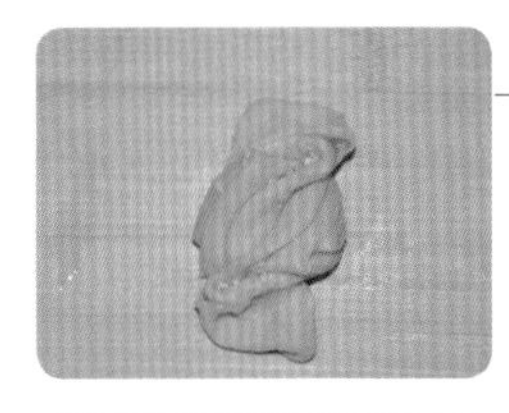

9. 拧好的样子。

10. 平底锅刷油，把拧好的花卷码放进去，盖好静置 10 分钟。

11. 平底锅放炉灶上大火烧热后转中小火，待花卷底部变硬挺后，加入 100 克冷水，立即盖好锅盖。

12. 等待水分收干就可以撒点香葱碎出锅。

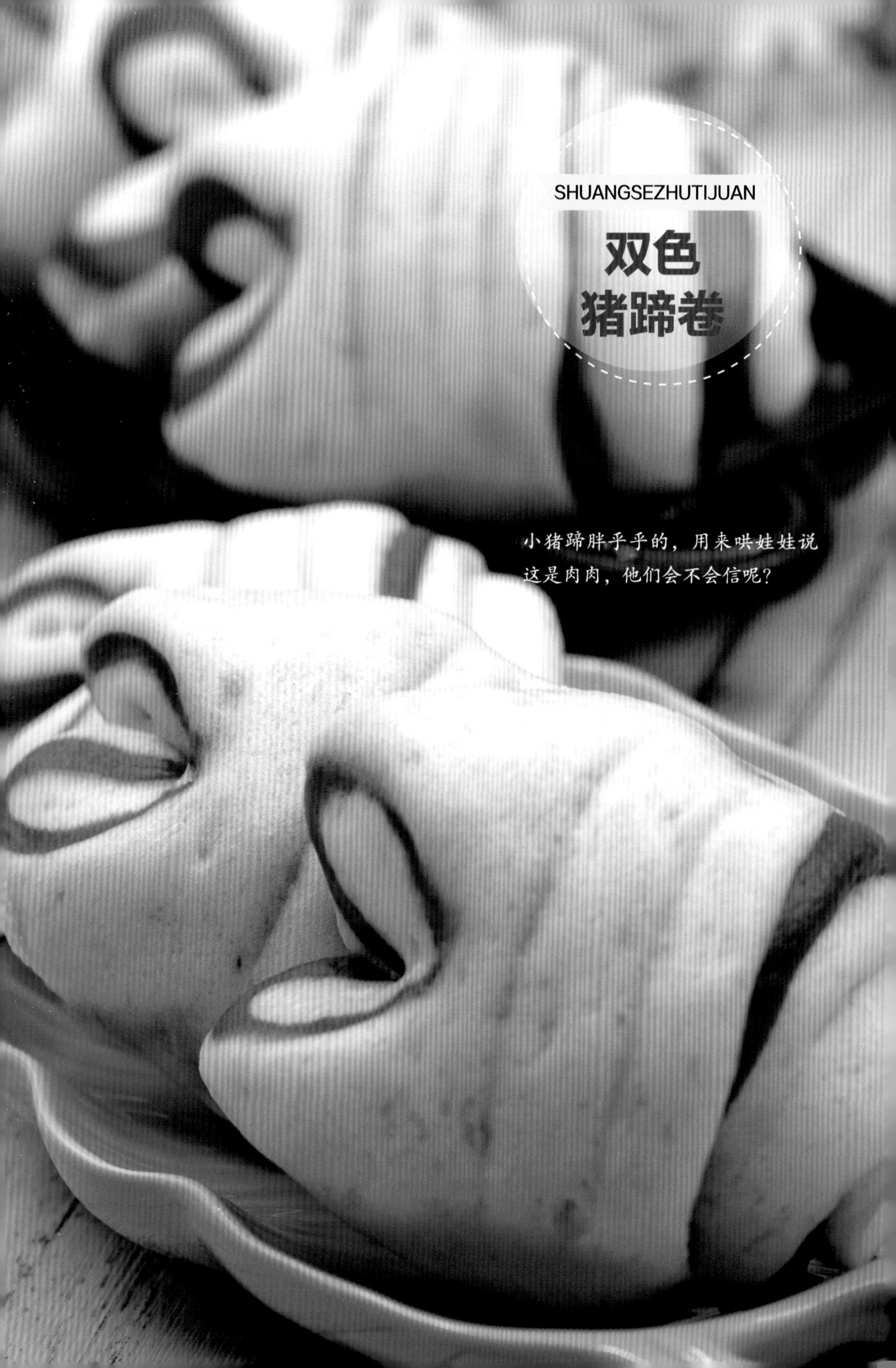

SHUANGSEZHUTIJUAN

双色猪蹄卷

小猪蹄胖乎乎的，用来哄娃娃说这是肉肉，他们会不会信呢？

◎ 原料 YUANLIAO

水 130 克
糖 20 克
酵母 3 克
中筋面粉 240 克
可可粉 3 克

二狗妈妈碎碎念

1. 可可粉可以用红曲粉、抹茶粉替换。
2. 不喜欢双色，那就只做白色的，不喜欢甜的，那就不放糖，自家做美食，可以随自己喜欢调整。

◎ 做法 ZUOFA

1. 130 克水、20 克糖、3 克酵母搅拌均匀。

2. 加入 240 克中筋面粉搅拌成絮状。

3. 另取一个碗，分出一半面絮，加入 3 克可可粉。

4. 分别揉成面团，盖好，放温暖地方发酵约 60 分钟。

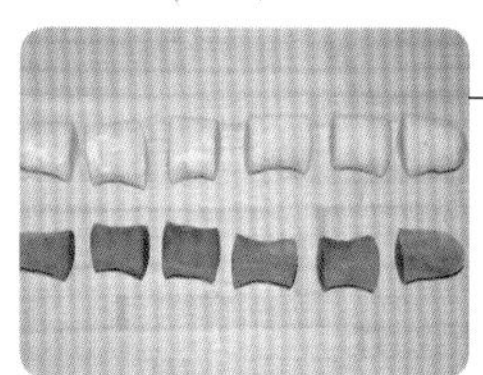

5. 案板上撒面粉，把两种面团分别揉匀后各分成 6 份。

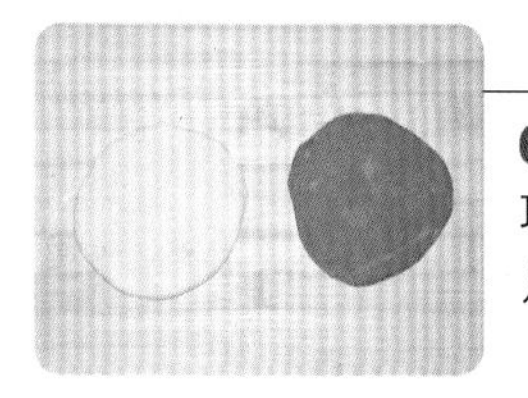

6. 两种面团分别擀圆，取一白一咖啡两个面片。

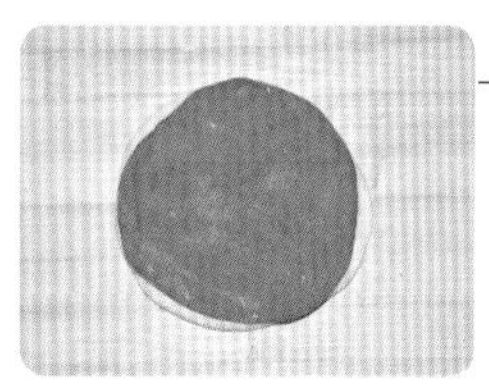

7. 把咖啡色面片叠放在白色面片上。

8. 对折再对折后，在直角处切一刀。

9. 把两角向后折，捏紧收口。

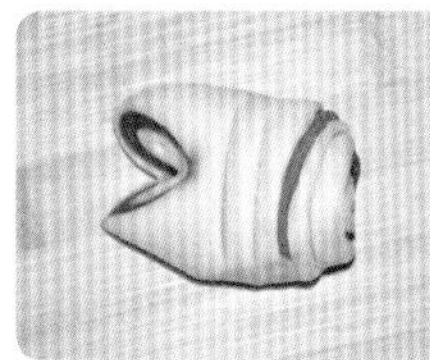

10. 用刀背压两个印儿，猪蹄卷面团就做好了，依次做好 6 个猪蹄卷。

11. 蒸锅放足冷水，蒸屉刷油，把猪蹄卷码放在蒸屉上，盖好静置 15 ~ 20 分钟，大火烧开，转中火蒸制 15 分钟，关火后闷 5 分钟再出锅。

HONGTANGMAJIANGHUAJUAN

红糖麻酱花卷

第一次吃到这种花卷还是刚到北京的时候，先生（那会儿还是男朋友）买给我吃的，“颜控”的我看着黑乎乎的花卷，试着尝了一口，哇！从此爱上它……

◎ 原料 YUANLIAO

面团：	馅料：
水 160 克	芝麻酱 100 克
酵母 3 克	红糖 60 克
中筋面粉 300 克	中筋面粉 10 克
	玉米油 10 克

◎ 做法 ZUOFA

1. 160 克水、3 克酵母搅拌均匀，加入 300 克中筋面粉，揉成面团，盖好，放温暖地方发酵约 60 分钟。

2. 100 克芝麻酱放入碗中，60 克红糖加入 10 克中筋面粉擀细。

3. 红糖倒入芝麻酱中，加入 10 克玉米油拌匀。

4. 案板上撒面粉，把面团揉匀擀成大薄片，均匀抹上红糖芝麻酱。

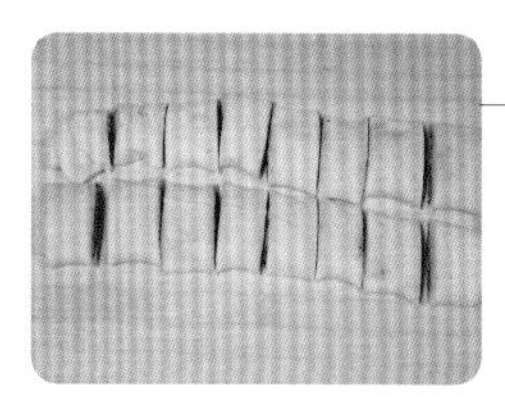

5. 卷起来，分成 16 份。

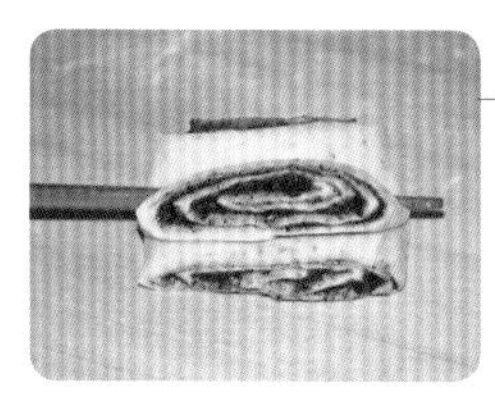

6. 两个摞起来，用筷子从中间压下去。

7. 左手往外拧，右手向内拧，把两端面团在后面捏紧收口。

8. 依次做好全部花卷。

9. 蒸锅放足冷水，蒸屉刷油，把花卷码放在蒸屉上，盖好静置 15～20 分钟，大火烧开，转中火蒸制 15 分钟，关火后闷 5 分钟再出锅。

二狗妈妈碎碎念

1. 各地卖的芝麻酱的稠度不一样，如果您买的芝麻酱不稠，那就不用放玉米油啦。
2. 不会拧花卷，可以将两个面段叠放在一起，用筷子中间压一下就行啦。

XIANGCHANGJUAN

香肠卷

小朋友们最爱的香肠卷一定要自己来做，吃着才放心，而且还可以选用自己喜欢的香肠呢。

◎ 原料 YUANLIAO

水 110 克
酵母 2 克
中筋面粉 200 克
香肠 8 根

◎ 做法 ZUOFA

1. 110 克水、2 克酵母放入盆中搅拌均匀。

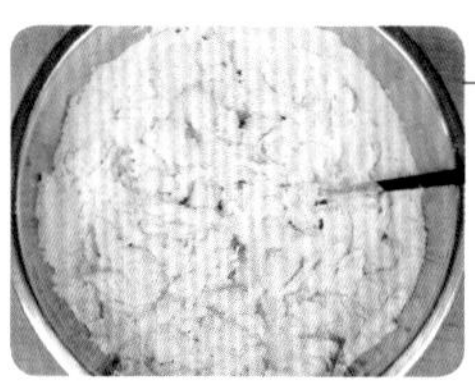

2. 加入 200 克中筋面粉，用筷子搅成絮状。

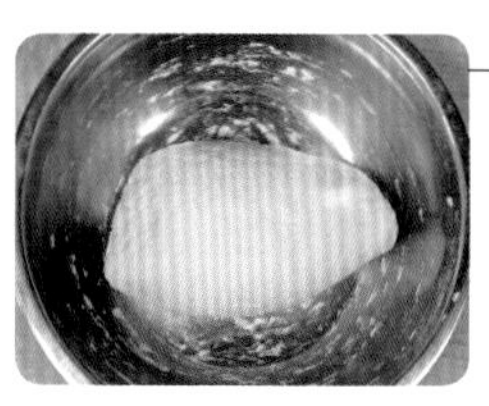

3. 揉成面团，盖好放温暖的地方发酵约 60 分钟。

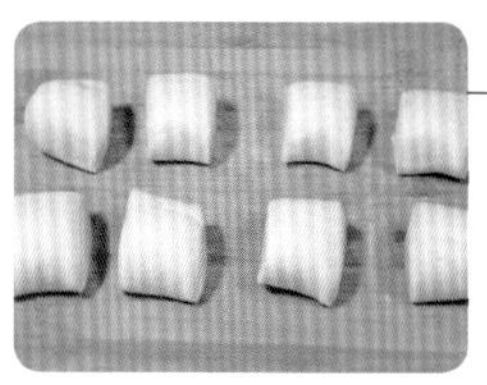

4. 案板上撒面粉，把面团放案板上揉匀，分成 8 份。

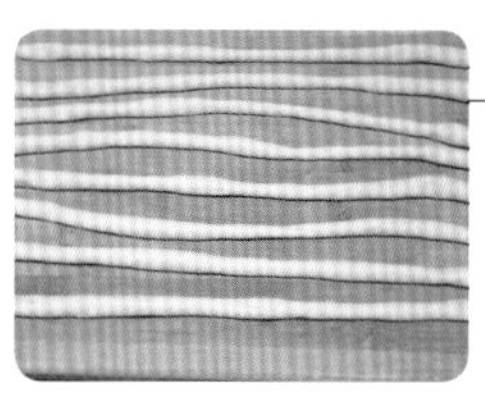

5. 全部搓长，约 30 厘米。

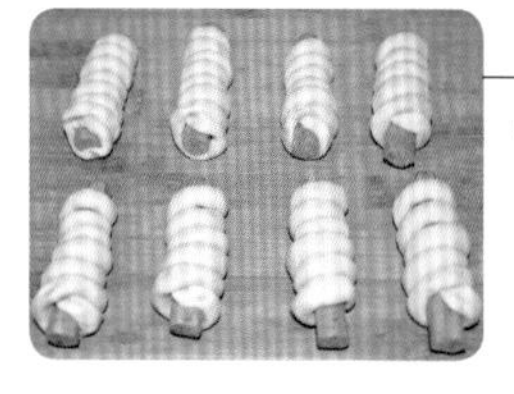

6. 用长面条缠绕在香肠上。

7. 我用的是热狗肠，约 17 厘米长，一分为二。

8. 蒸锅放足冷水，蒸屉刷油，把香肠卷码放在蒸屉上，盖好静置 15～20 分钟，大火烧开，转中火蒸 10 分钟，关火后闷 5 分钟出锅。

二狗妈妈碎碎念

1. 香肠可以根据自身喜好来选择不同的口味。
2. 面条的长度要根据香肠的长度来调整。

JINSIJUAN
金丝卷
外表平淡无奇，掰开来却有惊喜……

◎ 原料 YUANLIAO

白面团：	金丝面团：
水 110 克	南瓜泥 100 克
糖 20 克	水 40 克
酵母 2 克	糖 20 克
中筋面粉 200 克	酵母 2 克
	中筋面粉 200 克
	油少许

◎ 做法 ZUOFA

1. 110 克水、20 克糖、2 克酵母放入盆中，加入 200 克中筋面粉。

2. 揉成面团，盖好，放温暖地方发酵约 60 分钟。

3. 100 克蒸熟凉透的南瓜泥、40 克水、20 克糖、2 克酵母放入盆中，搅匀后加入 200 克中筋面粉。

4. 揉成面团，盖好，放温暖地方发酵 60 分钟。

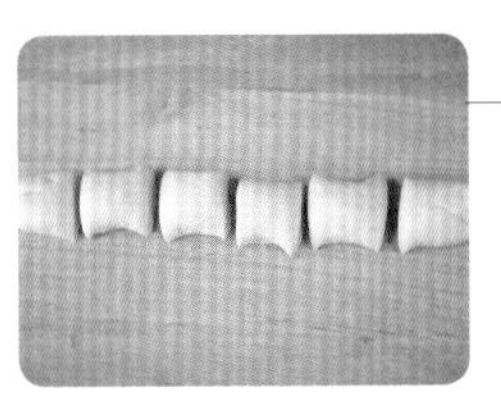

5. 案板上撒面粉，白色面团在案板上揉匀后平均分成 6 份备用。

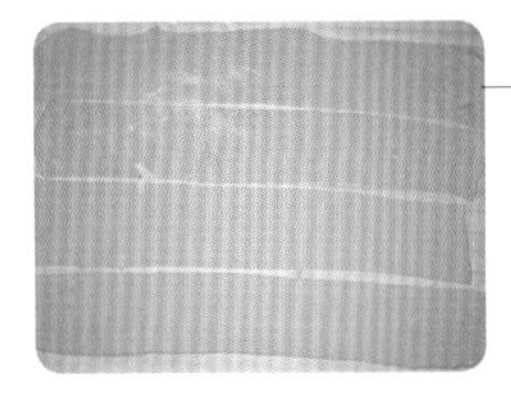

6. 案板上撒面粉，把南瓜面团在案板上揉匀后擀薄，切成宽约 8 厘米的宽条。

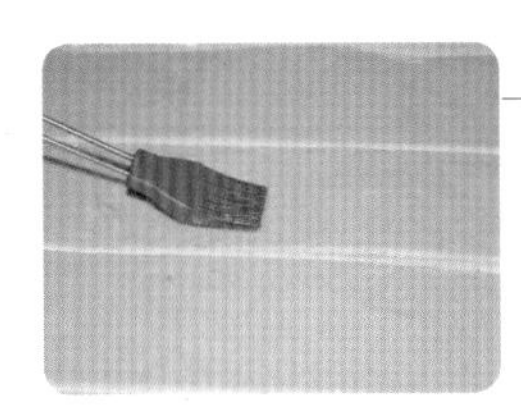

7. 在宽条上刷油。

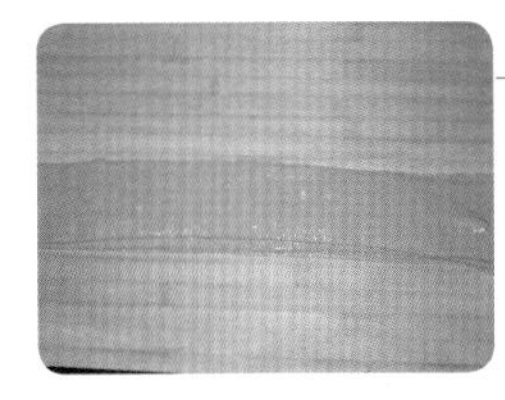

8. 叠放起来。

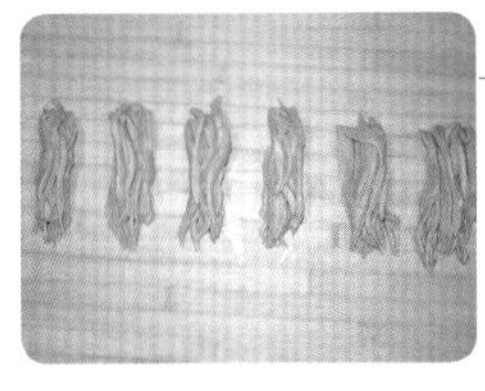

9. 切成面条，平均分成 6 份。

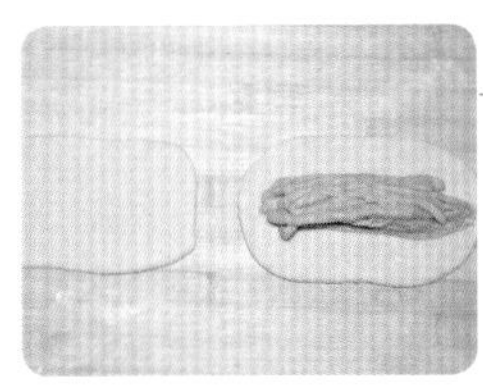

10. 把白色面团擀成长方形，放入一份南瓜面条。

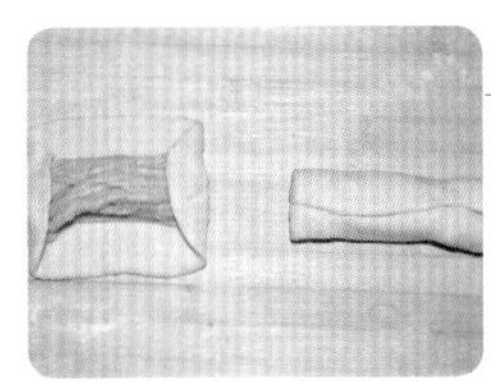

11. 用白色面片两端包住南瓜面条后，再卷起来，收口朝下。

12. 蒸锅放足冷水，蒸屉刷油，把金丝卷码放在蒸屉上，盖好静置 15～20 分钟，大火烧开，转中火蒸制 15 分钟，关火后闷 5 分钟再出锅。

二狗妈妈碎碎念

1. 面条上一定要刷满油，这样出来的金丝才不会粘连。
2. 把两种面团角色互换，就是银丝卷啦。

ROULONG

肉龙

这是先生教会我做的一种面食，我说这不就是个肉卷吗？先生说在北京这叫肉龙！也叫“懒龙”！哦……知道咯……

◎ 原料 YUANLIAO

面团：
水 140 克
酵母 3 克
中筋面粉 240 克

馅料：
猪肉馅 250 克
鸡蛋 1 个
香葱碎 40 克
黄豆酱 30 克
酱油 10 克
香油 8 克
盐 3 克

◎ 做法 ZUOFA

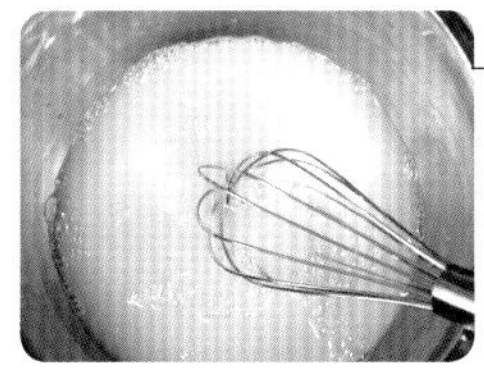

1. 140 克水加 3 克酵母搅拌均匀。

2. 盆内再加入 240 克中筋面粉。

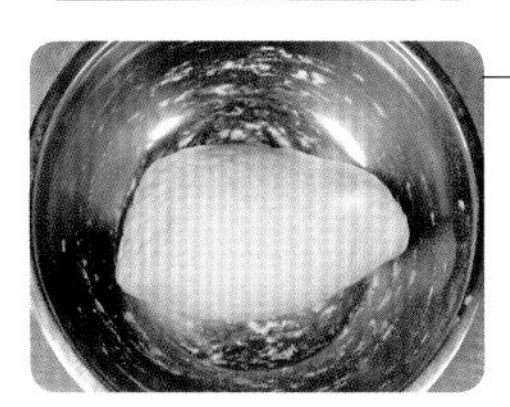

3. 揉成面团，盖好，放温暖地方发酵约 60 分钟。

4. 发酵面团的时间，我们把 250 克猪肉馅放入碗中，加入一个鸡蛋、40 克香葱碎、30 克黄豆酱、10 克酱油、8 克香油、3 克盐，顺时针搅至黏稠备用。

5. 案板上撒面粉，把发酵好的面团揉匀后擀开（不要太薄，约半厘米厚）。

6. 把肉馅铺在面片上，注意左边留多一些不铺肉馅，上下也留一小边不铺肉馅。

7. 从右边往左边卷起来，捏紧两端收口。

8. 蒸锅放足冷水，蒸屉刷油，把肉卷码放在蒸屉上，盖好，静置 15~20 分钟，大火烧开，转中火蒸制 15 分钟，关火后闷 5 分钟再出锅，切段食用。

二狗妈妈碎碎念

1. 肉馅一定要沿着一个方向搅拌，一直到非常黏稠。
2. 面团不要擀太薄，不然蒸好后容易塌皮。

SHENGJIANNANGUAMEIGUIROUJUAN

生煎南瓜玫瑰肉卷

高颜值的一道主食，家里来客人，把这道肉卷端出来，他们一定会纷纷拿出手机拍照的……

◎ 原料 YUANLIAO

面团：
南瓜泥 100 克
水 60 克
酵母 3 克
中筋面粉 240 克

馅料：
猪肉馅 200 克
蚝油 20 克
生抽 10 克
香油 8 克
盐 1 克
十三香调料少许

二狗妈妈碎碎念

1. 肉馅一定要沿着一个方向搅拌，一直到非常黏稠。
2. 放好肉馅后，注意往上折的顺序，要先右后左包住肉馅，再从左向右卷哟。
3. 煎肉卷的时候，一定要盖好锅盖，尤其是加入冷水后，要等水蒸气变少再打开锅盖哟。

◎ 做法 ZUOFA

1. 100 克蒸熟凉透的南瓜泥、60 克水、3 克酵母放入盆中，搅匀后加入 240 克中筋面粉。

2. 揉成面团，盖好，放温暖地方发酵 60 分钟。

3. 200 克猪肉馅放入碗中，加入20克蚝油、10 克生抽、8 克香油、1 克盐和少许十三香调料。

4. 顺时针搅至上劲后放入冰箱冷藏备用。

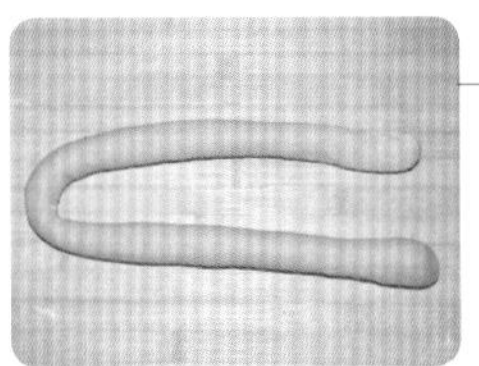

5. 案板上撒面粉，把面团揉匀后搓长条。

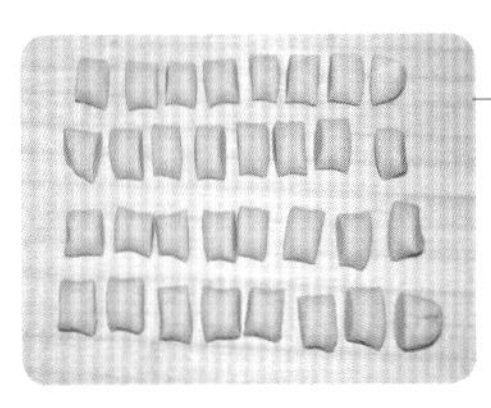

6. 分成小剂子（约 32 个）。

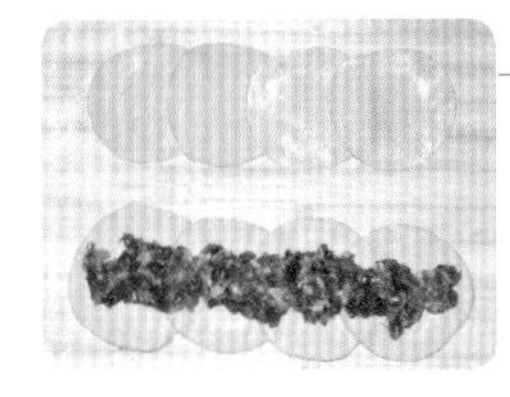

7. 分别擀成圆片后，4 个 1 组，右边压左边，顺次压好后，在中间放肉馅。

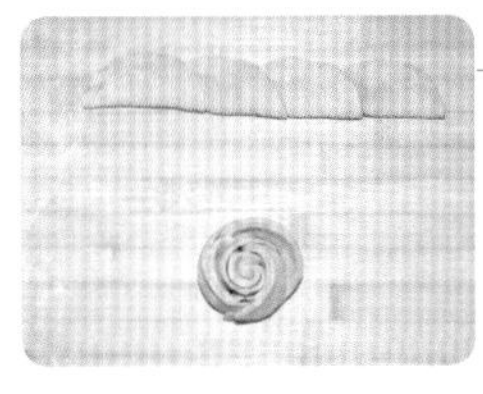

8. 把面片往上折（先从右边折起），再卷起来（从左边往右边卷）。

9. 平底锅刷油，把卷好的玫瑰卷码放进去，盖好醒 10 分钟。

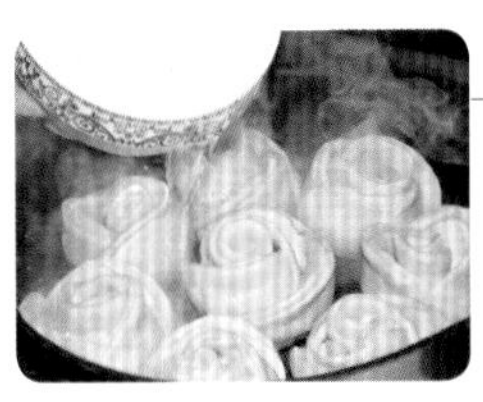

10. 平底锅放炉灶上大火烧热后转中小火，待玫瑰卷底部变硬挺后，加入 120 克冷水，立即盖好锅盖，一直到水分蒸干就可以出锅了。

NANGUAJICHIJUAN

南瓜鸡翅卷

◎ **原料** YUANLIAO

面团：
南瓜泥 100 克
水 50 克
酵母 3 克
中筋面粉 240 克

馅料：
鸡翅中 350 克
花椒少许
黄豆酱 30 克
生抽 10 克
老抽 10 克
蚝油 10 克
糖 5 克

能吃到整块鸡翅肉的感觉真好……酱香、肉香、面香……不说了，我继续吃去了……

◎ 做法 ZUOFA

1. 350 克鸡翅中放入锅中，加冷水没过鸡翅，放一点花椒。

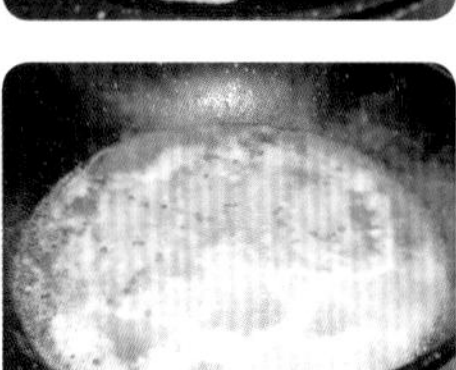

2. 煮开后 1 分钟捞出。

3. 放入电饭锅内胆，加入 30 克黄豆酱、10 克生抽、10 克老抽、10 克蚝油、5 克糖。

4. 放入电饭锅，启动煮饭程序。

5. 煮饭程序结束后，翻拌均匀，放凉。

6. 把鸡翅肉拆下来备用。

7. 100 克蒸熟凉透的南瓜泥放入盆中，加入 50 克水、3 克酵母搅匀后，加入 240 克中筋面粉。

8. 揉成面团，盖好，放温暖地方发酵 60 分钟。

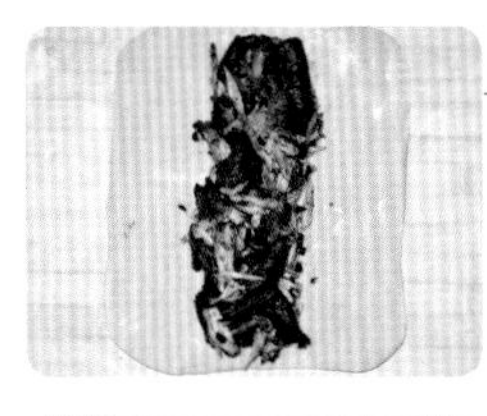

9. 案板上撒面粉，把面团放案板上揉匀后擀成方形面片（不要太薄），把鸡肉铺在中间。

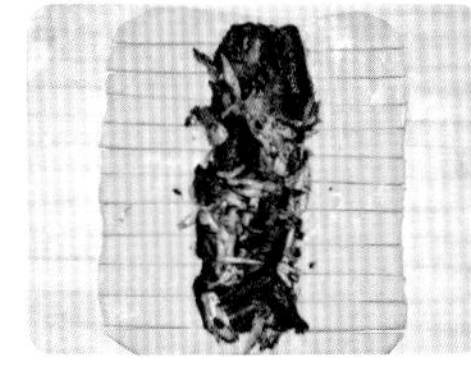

10. 把左右两边面片切成宽条。

11. 把两边面条交替搭在中间，捏紧两端收口。

12. 蒸锅放足冷水，蒸屉刷油，把鸡翅卷放在蒸屉上，盖好静置 15~20 分钟，大火烧开，转中火蒸制 13 分钟，关火后闷 5 分钟再出锅。

二狗妈妈碎碎念

1. 不想用电饭锅，那就用您喜欢的锅把鸡翅炖烂就行。
2. 鸡翅一定凉透再拆肉使用。
3. 不喜欢南瓜外皮，那用任何一款发面团都可以。

饼

我太喜欢吃饼了，可以包馅做成馅饼，可以擀开做成各种口味的烙饼，烙出来的饼还可以把各种菜卷起来，天哪，是哪位祖先发明的这种美食，太伟大啦……

本章节里收录的饼，有发面饼、死面饼、馅饼，死面饼里还分烫面的和不烫面的。有的人会问，烫面和不烫面有何区别呢？烫面的口感更软，不烫面的口感更韧，如果家里老人或者宝宝吃，那就选择烫面的或者发面的饼哟。

做饼的面团是偏软的，有的会很湿黏，千万不要因为粘手就加干面粉，那样做出来的饼口感会不好呢 ~~

WUXIANGFAMIANBING

五香发面饼

这款小饼是我家早餐的常客，前一天晚上做好，第二天早晨热一下，中间剖开，夹上鸡蛋、肉或菜，再搭碗粥，美好的一天就开始啦……

◎ 原料 YUANLIAO

水 180 克
酵母 3 克
中筋面粉 300 克
盐 3 克
五香粉少许

二狗妈妈碎碎念

1. 面团擀成大片，尽量擀薄，越薄出来的层数就越多哟。
2. 五香粉可以换成花椒粉或者孜然粉，那烙出来就是椒盐饼、孜然饼啦。
3. 不习惯用平底锅烙饼，换用电饼铛的话，双面加热 3 分钟就熟啦。

◎ 做法 ZUOFA

1. 180 克水、3 克酵母搅拌均匀，加入 300 克中筋面粉。

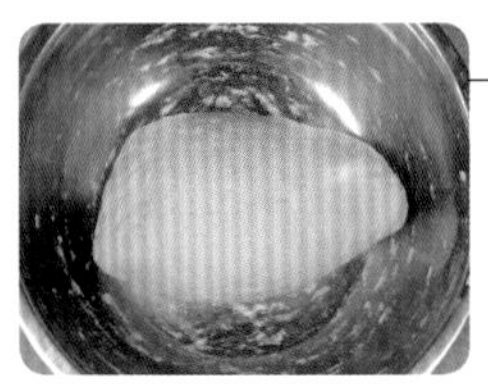

2. 揉成面团，盖好，放温暖地方发酵约 60 分钟。

3. 案板上撒面粉，把面团放案板上揉匀后擀成大薄片。

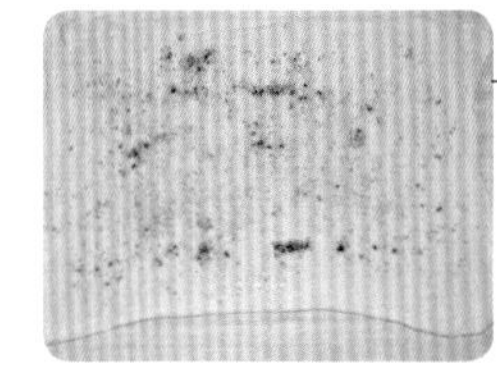

4. 刷一层油，撒 3 克的盐，再撒一些五香粉，抹匀。

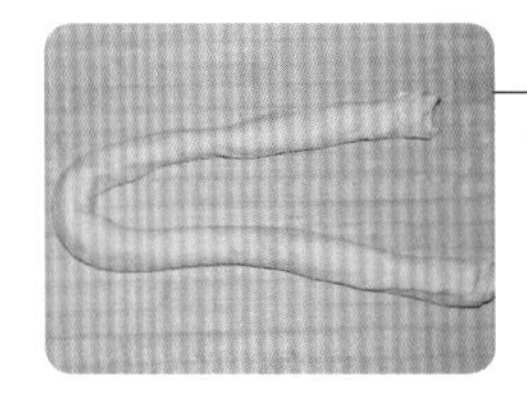

5. 卷起来。

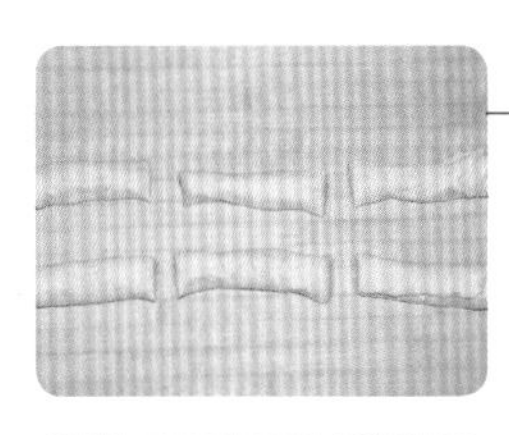

6. 分成 6 段。

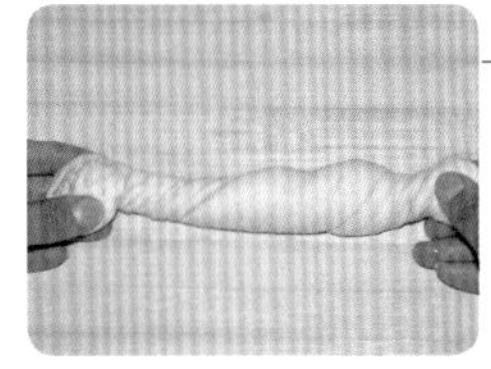

7. 手拿面团两端，拧上劲。

8. 将拧好的面团盘成小饼，按扁。

9. 平底锅大火烧热转中小火，倒油，把饼码放在锅中，盖好锅盖，烙约 5 分钟。

10. 翻面，再烙两三分钟，两面金黄就出锅啦。

CONGXIANGFAMIANBING

葱香发面饼

2015 年的夏天，单位组织义卖活动，这款饼我做了一百多个，义卖现场一抢而空，直到现在，还有人会问我，什么时候再义卖，你还能不能再做这款饼呢？真的是太好吃了……

◎ 原料 YUANLIAO

面团：
水 180 克
酵母 3 克
中筋面粉 300 克

油酥：
中筋面粉 60 克
植物油 40 克
盐 5 克
香葱碎 30 克

二狗妈妈碎碎念

1. 面团包好油酥后一定捏紧收口。
2. 擀压面团时要轻推，不要特别用力。

◎ 做法 ZUOFA

1. 180 克水、3 克酵母搅拌均匀，加入 300 克中筋面粉揉成面团。盖好，放温暖地方发酵约 60 分钟。

2. 面团发酵的时间，我们来做油酥，60 克中筋面粉、40 克植物油、5 克盐、30 克香葱碎混合均匀。

3. 案板上撒面粉，把面团放案板上揉匀后平均分成 6 份。

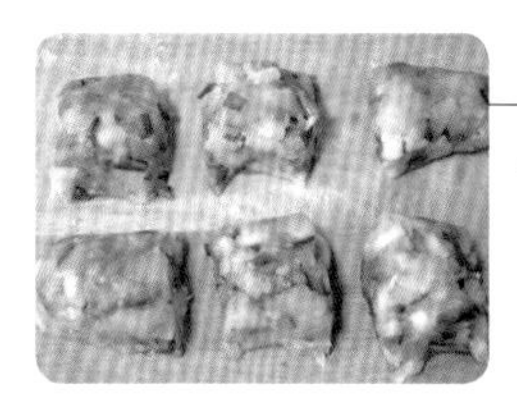

4. 把油酥分成 6 份。

5. 取一块面团稍擀，包入一个油酥。

6. 捏紧收口。

7. 收口朝上，擀长。

8. 折三折。

9. 把面团向上擀长后横过来。

10. 再折三折，稍擀，饼坯就做好了。

11. 平底锅大火烧热转中小火，倒油，把饼坯码放在锅中，盖好锅盖，大约 5 分钟。

12. 翻面，再烙两三分钟，两面金黄就出锅啦。

WUXIANGKAOBING

五香烤饼

我的好朋友茉茉，特别喜欢这款饼，她说每样配菜的存在都恰到好处，融合在一起的味道非常奇妙，一袋饼，她当零食就吃完啦……

◎ 原料 YUANLIAO

面团：	红椒碎 40 克
水 200 克	香菜碎 20 克
盐 3 克	香肠碎 40 克
酵母 3 克	
中筋面粉 300 克	油酥：
	油 30 克
配菜：	盐 5 克
香葱碎 30 克	十三香调料 1 克

◎ 做法 ZUOFA

1. 200 克水、3 克盐、3 克酵母放入盆中搅匀。

2. 加入 300 克中筋面粉，揉成面团，盖好。放温暖地方发酵约 60 分钟。

3. 准备好 30 克香葱碎、40 克红椒碎、20 克香菜碎、40 克香肠碎。

4. 另取一个小碗，30 克油、5 克盐、1 克十三香调料搅匀备用。

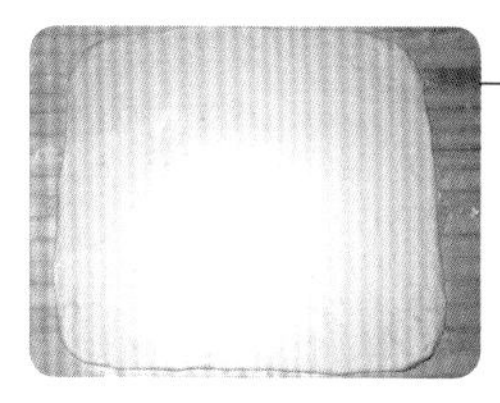

5. 案板上撒面粉，把面团放案板上揉匀后擀成正方形。

6. 先在右侧 1/2 处刷满料油后，铺上菜料。

7. 把左边面片向右折过来后，在上半部分刷料油铺菜料。

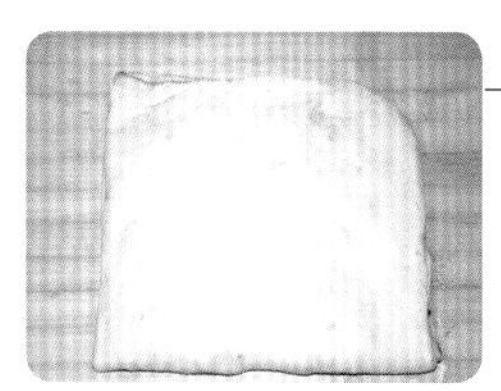

8. 把下半部分面片向上折。

9. 放在一个合适的烤盘模具中。

10. 用叉子叉满小眼。

11. 盖好静置约 30 分钟后，表面刷水撒满白芝麻。

12. 送入预热好的烤箱，200 摄氏度烤 20 分钟。

二狗妈妈碎碎念

1. 配菜可以用您喜欢的菜，但不推荐特别爱出水的菜哟。
2. 没有模具没关系，把饼直接放在烤盘上就可以啦，烤盘如果不是不粘的，那要事先铺油纸哟。
3. 没有烤箱，直接用平底锅或者电饼铛烙熟也一样好吃。

KOUDAIBING

口袋饼

我是包罗万象的口袋，有什么好吃的都可以装进来……

◎ 原料 YUANLIAO

水 110 克
酵母 2 克
中筋面粉 200 克
油少许

◎ 做法 ZUOFA

1. 110 克水、2 克酵母搅拌均匀，加入 200 克中筋面粉。

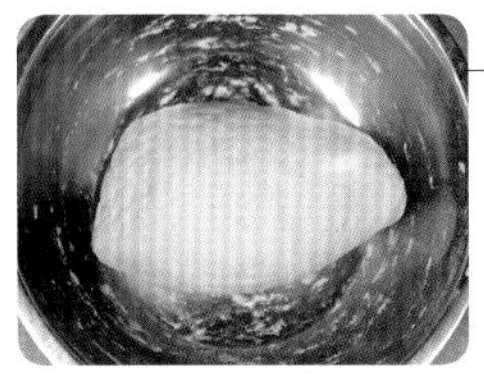

2. 揉成面团，盖好，放温暖地方发酵约 60 分钟。

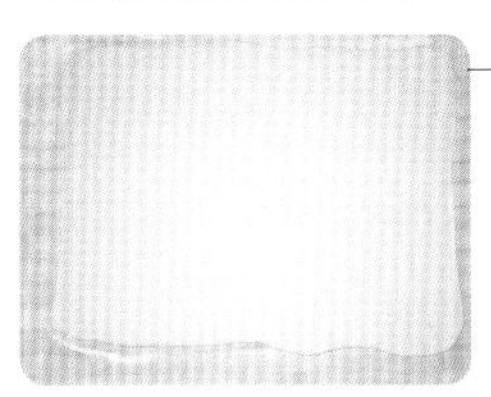

3. 案板上撒面粉，把面团放案板上揉匀后擀成方形薄片。

4. 切去不规则的四边，切成宽约 8 厘米的长条。

5. 在面片中间抹油，对折，捏紧两边的收口，用叉子稍按出花纹。

6. 电饼铛预热后，放入口袋饼。

7. 双面加热，约 2 分钟两边金黄就可以啦。

二狗妈妈碎碎念

1. 刷油时候一定只刷面片中间，不要刷到边上，不然就粘不住啦。
2. 没有电饼铛，可以用平底锅烙熟。

XIANGTIANYUMIBING
香甜
玉米饼
香香甜甜的，口感又很松软，根本不像是在吃粗粮……

◎ 原料 YUANLIAO

玉米面 200 克
开水 150 克
糖 30 克
牛奶 100 克
酵母 3 克
中筋面粉 130 克

◎ 做法 ZUOFA

1. 200 克玉米面放入盆中，冲入 150 克开水。

2. 迅速搅匀后，加入 30 克糖、100 克牛奶。

3. 搅匀后凉 10 分钟左右，用手感受一下温度，温热时就可以加 3 克酵母拌匀，静置 1 分钟。

4. 再加入 130 克中筋面粉。

5. 抓匀后和成面团，盖好静置 60 分钟。

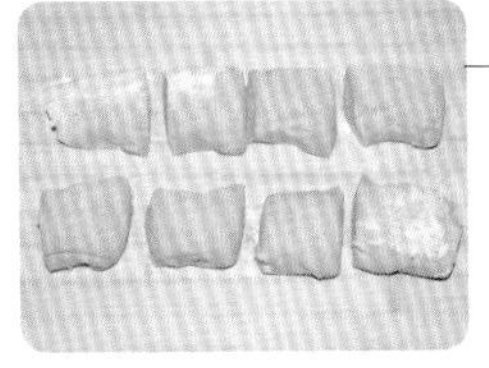

6. 案板上撒面粉，把面团放案板上稍揉，分成 8 份。

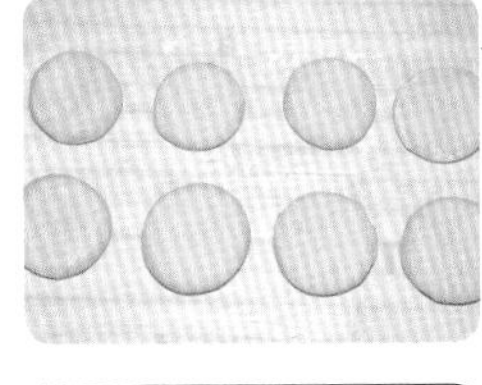

7. 整理成圆饼。

8. 平底锅大火烧热后转小火，刷油后，把玉米饼放进锅中，盖好锅盖，等待七八分钟。

9. 待底部变金黄，翻面再盖锅盖，再等待约 5 分钟，两面金黄就可以出锅啦。

二狗妈妈碎碎念

1. 玉米面用开水烫一下后，香气会更浓郁，而且会增加它的黏合力。
2. 一定要感受一下玉米糊的温度，温热的时候才可以放酵母哟，不然温度太高，酵母会丧失活性。
3. 牛奶可以用 80 克水替换。

CONGHUASHOUSIBING

葱花手撕饼

浓郁的葱香弥漫在整个厨房，不等上桌，先撕一块吃了再说……

◎ 原料 YUANLIAO

面团：
水 200 克
中筋面粉 300 克

葱油酥：
油 60 克
大葱 50 克
中筋面粉 25 克
盐 4 克
香葱碎约 50 克

◎ 做法 ZUOFA

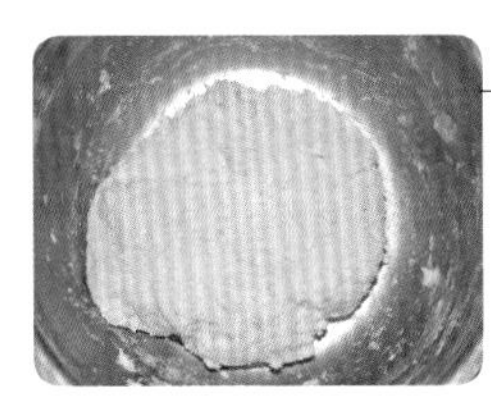

1. 200 克水加入 300 克中筋面粉和成面团（比较粘手，和成团就可以了），盖好醒 30 分钟。

2. 60 克油加 50 克葱炸至葱金黄后把葱捞出。

3. 小碗中放入 25 克中筋面粉和 4 克盐，倒入 40 克葱油，搅匀放凉备用。

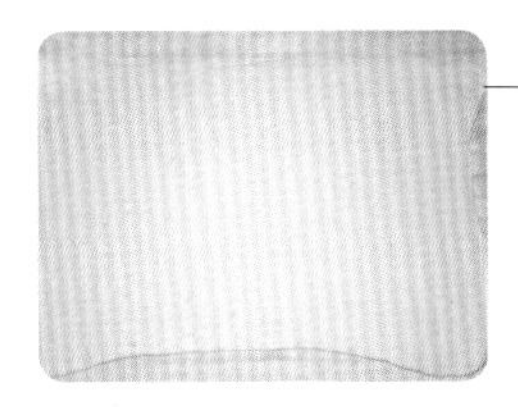

4. 案板上撒面粉，把面团放案板上揉匀后擀成大薄片。

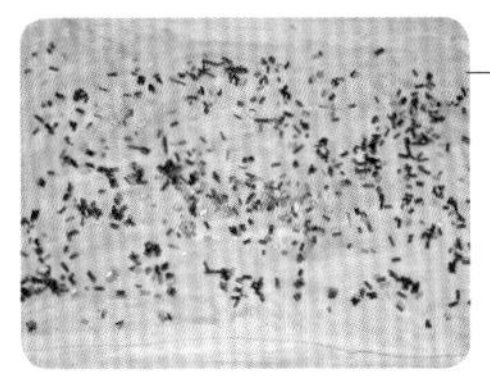

5. 把油料抹在面片上，均匀地撒一层香葱碎。

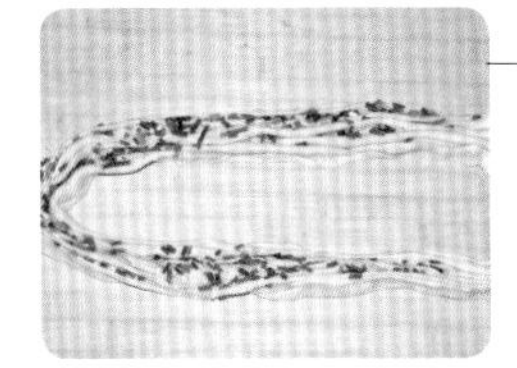

6. 像折扇子一样折起来。

7. 再由一端卷起来。

8. 卷好后，把尾巴塞在饼的下方。

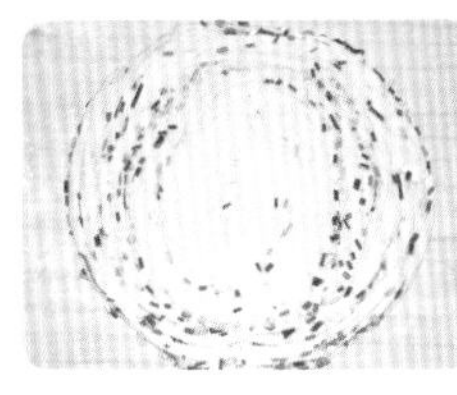

9. 擀开（饼的大小要和锅的大小差不多）。

10. 平底锅大火烧热后转中小火，刷油后，把饼坯放进锅中，盖好锅盖，等待约 5 分钟。

11. 待底部变金黄后翻面再烙四五分钟就好了。

二狗妈妈碎碎念

1. 炸葱油，可以用大葱，也可以用香葱、洋葱。
2. 不想炸葱油，那直接用 40 克油和面粉、盐拌匀就可以啦。
3. 烙熟以后，用锅铲把饼推松，热气迅速散出去，饼更焦香哟。

JIACHANGLAOBING

家常烙饼

这款饼用途可广啦，可以卷肉卷菜，还可以切块放进炖鱼汤里做泡饼，或者切丝做炒饼……

◎ 原料 YUANLIAO

水 200 克
中筋面粉 300 克
盐 4 克
五香粉 2 克
油少许

二狗妈妈碎碎念

1. 卷好面团后，一定盖好静置 10 分钟后再擀开，不然面皮容易破哟。
2. 不喜欢五香粉的味道，可以不放。
3. 没有电饼铛，用平底锅烙熟也可以。

◎ 做法 ZUOFA

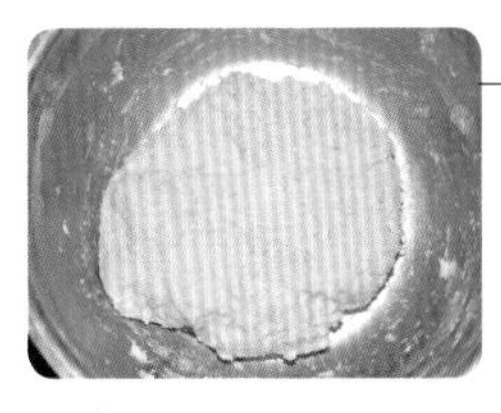

1. 200 克水加入 300 克中筋面粉和成面团（比较粘手，和成团就可以了），盖好静置 30 分钟。

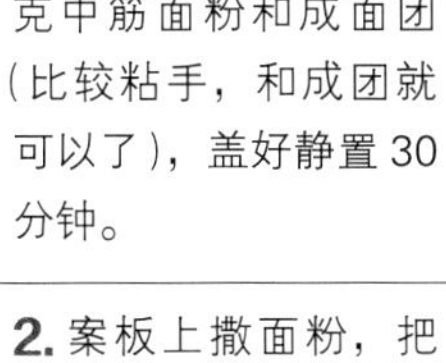

2. 案板上撒面粉，把面团放案板上分成 2 份。

3. 取一份擀开，刷油。

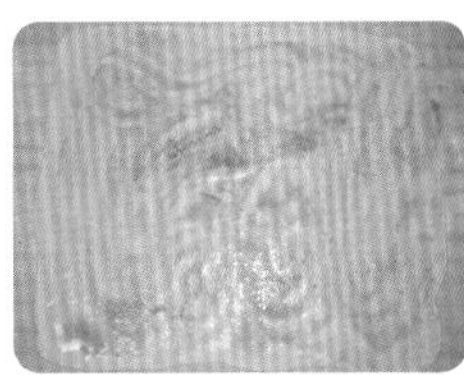

4. 撒 2 克盐和 1 克五香粉，抹匀。

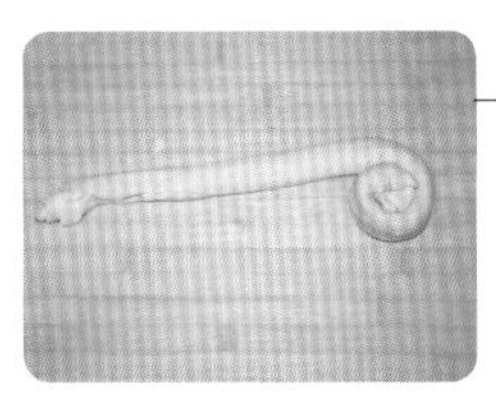

5. 卷起来后，再由一端开始盘起来。

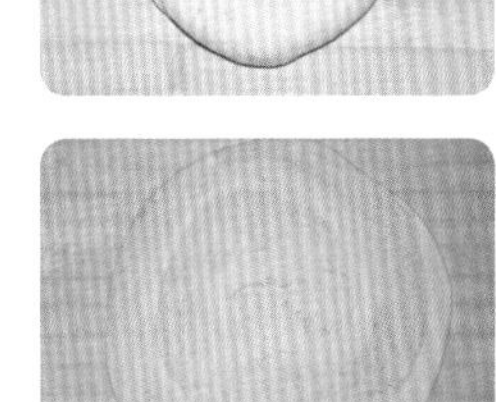

6. 尾巴要塞进饼下方，盖好，静置 10 分钟（此时可以去做另外一张饼）。

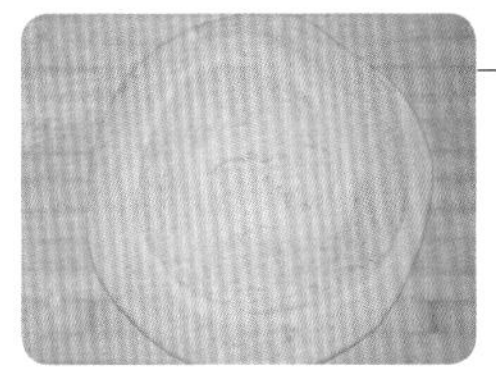

7. 擀成大薄饼（饼的大小和锅的大小差不多）。

8. 电饼铛预热后，刷油，放入大饼。

9. 双面加热，约 3 分钟两边金黄就可以啦。

JIUCAIJIDANBING
韭菜
鸡蛋饼
皮薄馅多，刚出锅的时候是
最好吃的……

◎ 原料 YUANLIAO

面团：	馅料：
中筋面粉 300 克	韭菜 300 克
开水 200 克	香油 10 克
冷水 50 克	虾皮 10 克
	鸡蛋 2 个
	盐 5 克

◎ 做法 ZUOFA

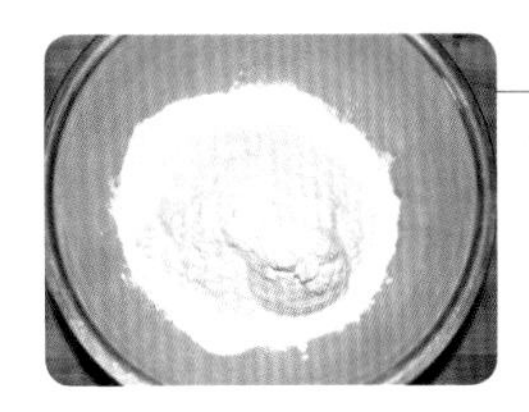

1. 300 克中筋面粉倒入盆中。

2. 加入 200 克开水迅速搅匀，再加入 50 克冷水搅匀。

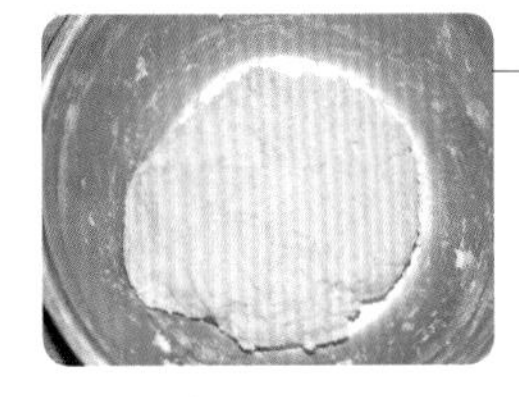

3. 和成面团，盖好静置 30 分钟。

4. 300 克韭菜洗净切碎放入盆中，加入 10 克香油拌匀。

5. 再加入 10 克虾皮、2 个生鸡蛋、5 克盐。

6. 拌匀备用。

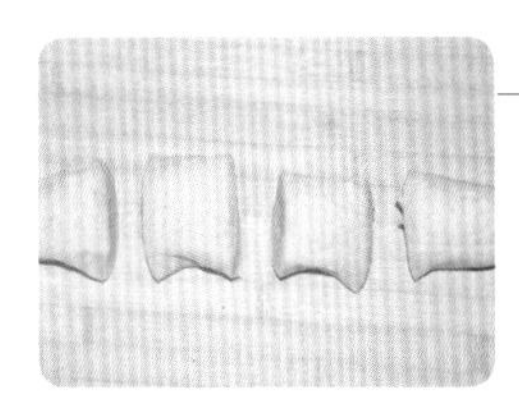

7. 案板上撒面粉，把面团放案板上揉匀，分成 4 份。

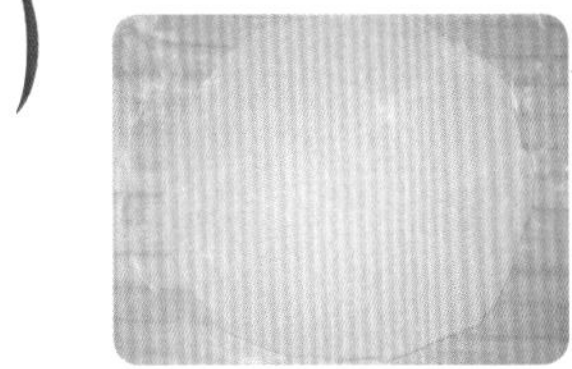

8. 分别擀成大圆片。

9. 取一个盘子，铺一张面片，将和好的韭菜馅的一半铺在面片上。

10. 盖上另外一张面片，捏紧边儿，同样的方法把另外一张饼也做好。

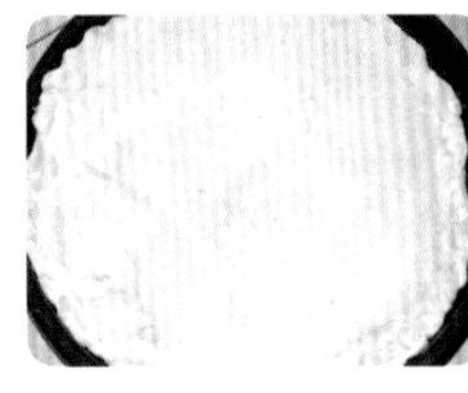

11. 电饼铛预热后刷油，放入韭菜鸡蛋饼。

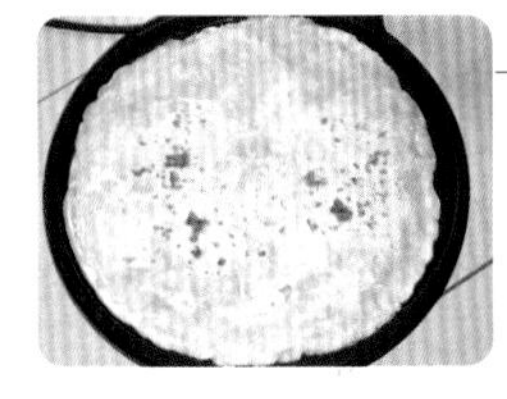

12. 双面加热，两三分钟就可以出锅啦。

二狗妈妈碎碎念

1. 用盘子垫在饼皮下，不仅好包，而且容易把饼移到锅里。
2. 用生鸡蛋黏合住韭菜，烙出来的馅不干，容易成型。

NIUROUJIANJIAOXIANBING

牛肉尖椒馅饼

尖椒的独特清香，混合牛肉香，一口咬下去，流着汤汁，好过瘾呢。

◎ 原料 YUANLIAO

面皮：
水 200 克
中筋面粉 300 克

馅：
牛肉馅 300 克
鸡蛋 1 个
生抽 10 克
胡椒粉少许
尖椒碎 260 克
蚝油 20 克
香油 15 克
盐 3 克
十三香调料少许

◎ 做法 ZUOFA

1. 200 克水、300 克中筋面粉放入盆中。

2. 用筷子搅拌均匀后揉成面团，盖好静置 30 分钟。

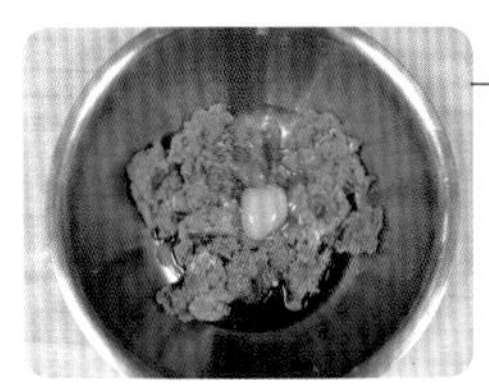

3. 300 克牛肉馅放入盆中，加入 1 个鸡蛋、10 克生抽、少许胡椒粉。

4. 顺时针搅打上劲儿。

5. 再加入 260 克尖椒碎、20 克蚝油、15 克香油、3 克盐、少许十三香调料。

6. 拌匀备用。

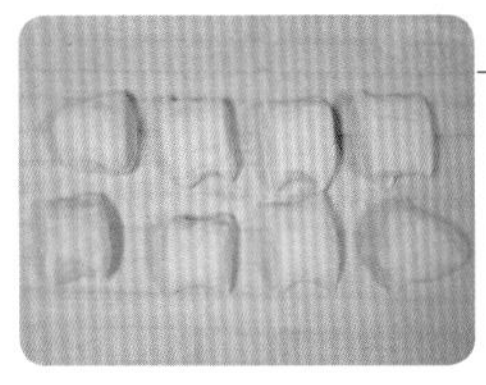

7. 案板上撒面粉，面团放案板上揉匀搓长，分成 8 份。

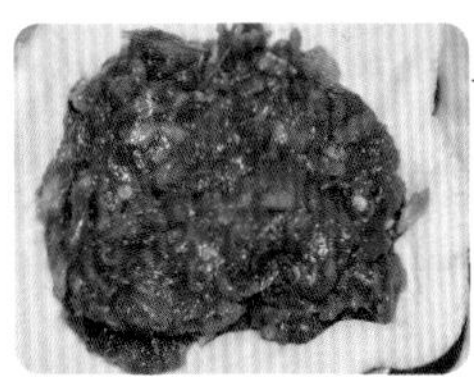

8. 擀成皮，放馅儿。

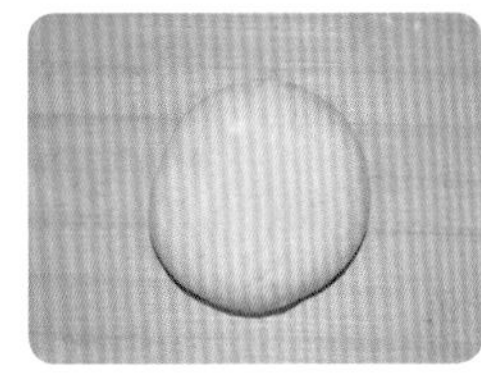

9. 包好，收口朝下稍按扁，依次把所有馅饼包好。

10. 电饼铛预热后刷油，放入馅饼。

11. 双面加热，约 5 分钟，两面金黄就可以出锅啦。

二狗妈妈碎碎念

1. 尖椒碎不用挤水，可以用洋葱替换。
2. 没有电饼铛就用平底锅烙，中小火，每面约 5 分钟。
3. 十三香调料可以用五香粉替换。

HULUOBOJIDANSUXIANBING

胡萝卜鸡蛋素馅饼

皮薄馅大，内馅颜色鲜艳有食欲，在炎热的夏天，吃两个素馅饼，喝碗绿豆汤，多惬意……

◎ 原料 YUANLIAO

面皮：
水 260 克
中筋面粉 400 克

馅：
胡萝卜 160 克
泡软烫熟的粉丝 220 克
烫熟的木耳 120 克
鸡蛋 3 个
虾皮 20 克
香油 15 克
十三香调料 1 克
盐 6 克

二狗妈妈碎碎念

1. 因为馅是熟的，所以拌好馅料后可以尝一下，按自己的喜好再调整用盐量。
2. 没有电饼铛就用平底锅烙，中小火，每面约 3 分钟。

◎ 做法 ZUOFA

1. 260 克水、400 克中筋面粉放入盆中。

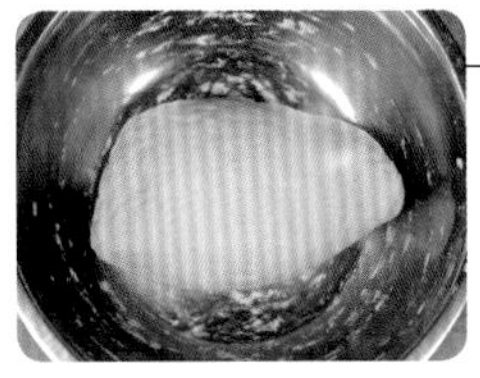

2. 用筷子搅拌均匀后揉成面团，盖好静置 30 分钟。

3. 160 克胡萝卜擦丝，220 克泡软烫熟的粉丝切段，120 克烫熟的木耳切碎，3 个鸡蛋打散炒熟，凉透放入盆中，加入 20 克虾皮。

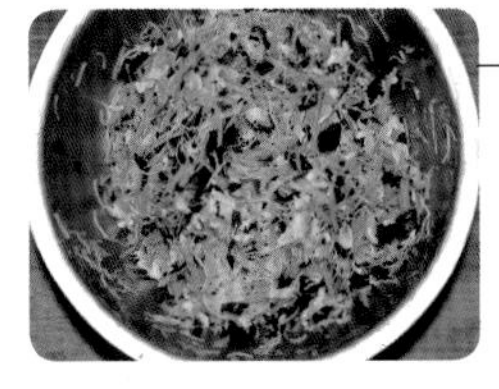

4. 加入 15 克香油、1 克十三香调料、6 克盐拌匀。

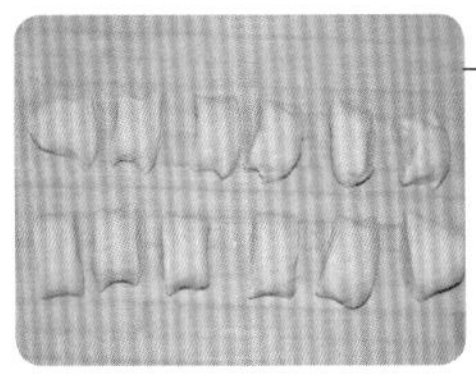

5. 案板上撒面粉，面团放案板上揉匀搓长，分成 12 份。

6. 擀成皮，放馅儿。

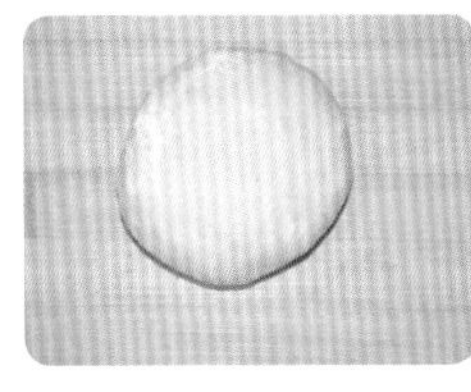

7. 包好，收口朝下稍按扁，依次把所有馅饼包好。

8. 电饼铛预热后刷油，放入馅饼。

9. 双面加热，约 5 分钟，两面金黄就可以出锅啦。

TANGMIANCONGYOUBING

烫面葱油饼

又一款微博点击率超高的家常饼，做法简单，味道嘛，那还用说？

◎ 原料 YUANLIAO

面团：
中筋面粉 400 克
开水 200 克
冷水 100 克

油酥：
中筋面粉 50 克
盐 6 克
热油 80 克
香葱碎少许

二狗妈妈碎碎念

1. 可以一次多做一些饼坯，用保鲜袋隔开，冷冻保存，吃的时候无须解冻，直接烙熟。
2. 热油烫油酥，起酥效果更好，味道也更香哟。

◎ 做法 ZUOFA

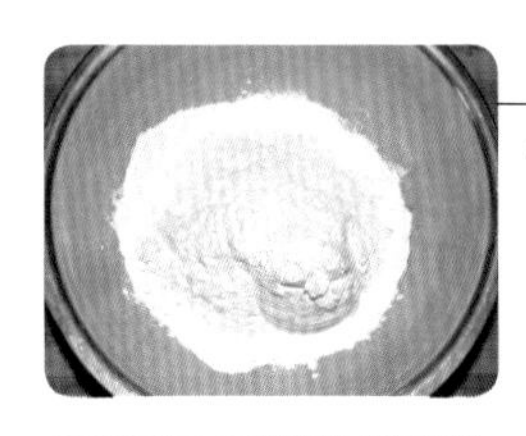

1. 400 克中筋面粉倒入盆中。

2. 加入 200 克开水迅速搅匀。

3. 再加入 100 克冷水搅匀。

4. 和成面团（比较粘手，和成团就可以了），盖好醒 30 分钟。

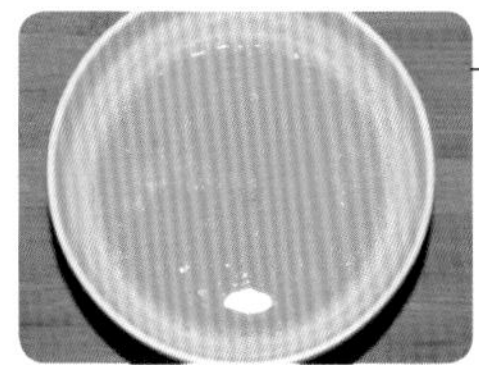

5. 取一个小碗，50 克中筋面粉加 6 克盐放入碗中，加入 80 克热油，迅速搅匀，凉透后再用，这叫油酥哦。

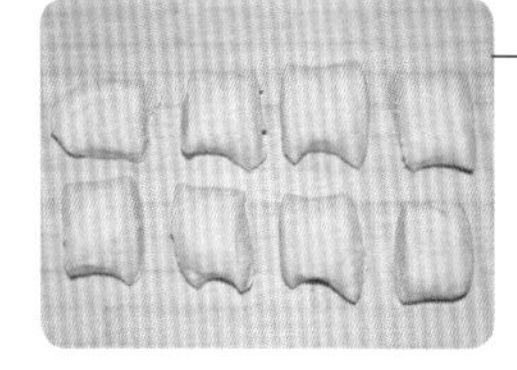

6. 案板上撒面粉，把面团放案板上稍揉，分成 8 份。

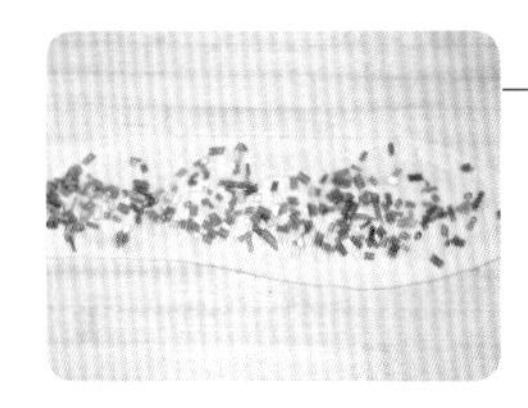

7. 取一块面团擀长，抹一层油酥，撒香葱碎。

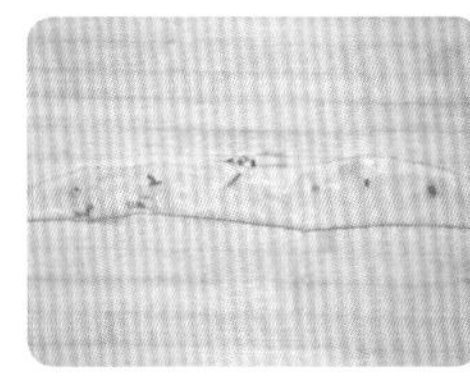

8. 对折，再抹一层油酥。

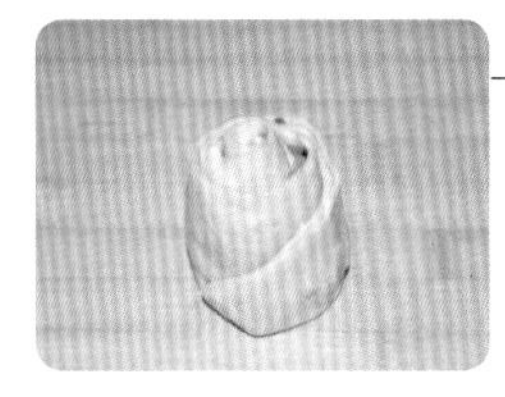

9. 卷起来，把面柱立起来。

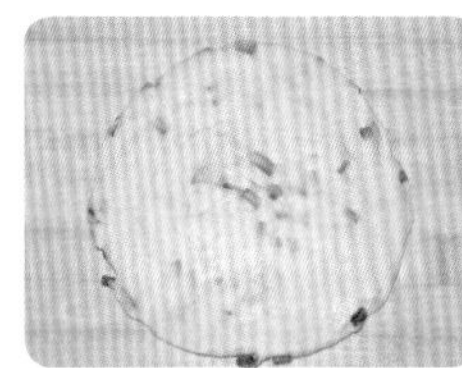

10. 压扁，擀薄，依次把所有面团做好。

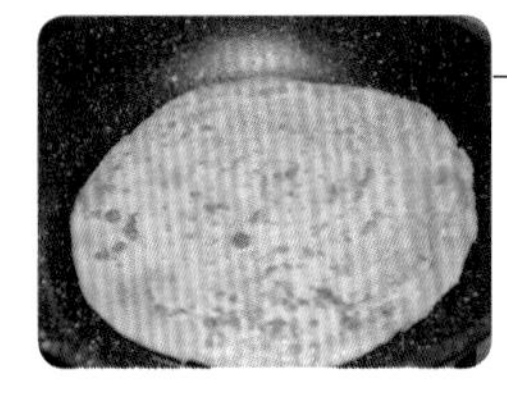

11. 平底锅大火烧热转中火，放少许油，把饼放进锅中，煎至两面金黄出锅。

MAJIANGSHAOBING

麻酱烧饼

每每走过烧饼店，一定会买几个麻酱烧饼回来，那个香味儿真的很难抗拒。现在自己动手做，想放多少麻酱就放多少麻酱，好任性……

◎ 原料 YUANLIAO

面团：
水 250 克
糖 20 克
油 40 克
酵母 4 克
中筋面粉 400 克

馅料：
芝麻酱 100 克
香油 10 克
盐 4 克
中筋面粉 40 克
十三香调料 1 克

表面装饰：
老抽 5 克
蜂蜜 10 克
水 10 克
白芝麻约 50 克

◎ 做法 ZUOFA

1. 250 克水、20 克糖、40 克油、4 克酵母放入盆中搅匀，加入 400 克中筋面粉揉成面团，盖好放温暖地方发酵约 30 分钟。

2. 100 克芝麻酱、10 克香油、4 克盐、40 克中筋面粉、1 克十三香调料混合均匀备用。

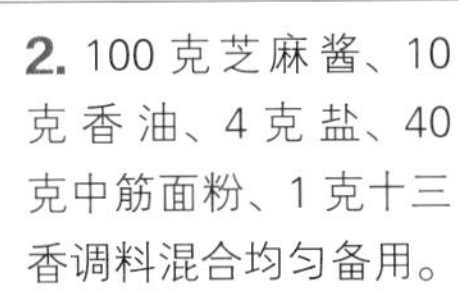

3. 案板上撒面粉，面团放案板上揉匀后擀薄。

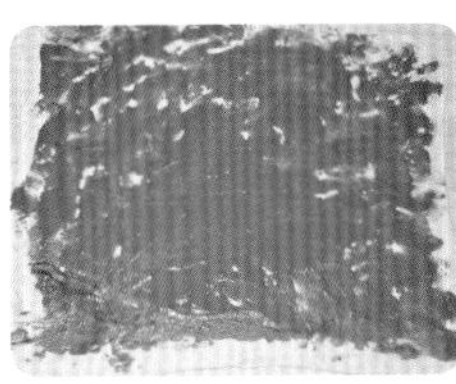

4. 把芝麻酱均匀地抹在面片上。

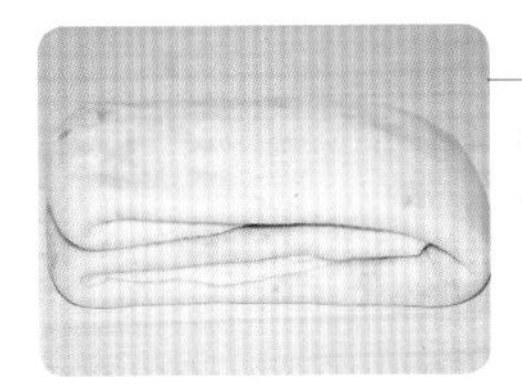

5. 卷起来后按扁，再像叠被子一样两端向内折。

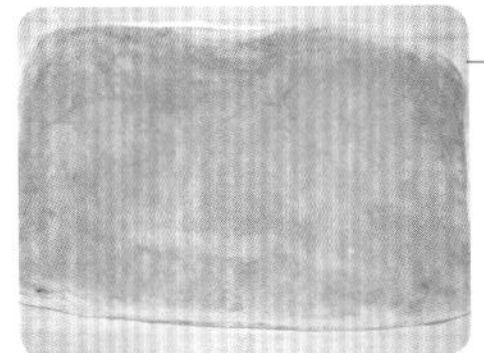

6. 松弛 20 分钟后，擀开。

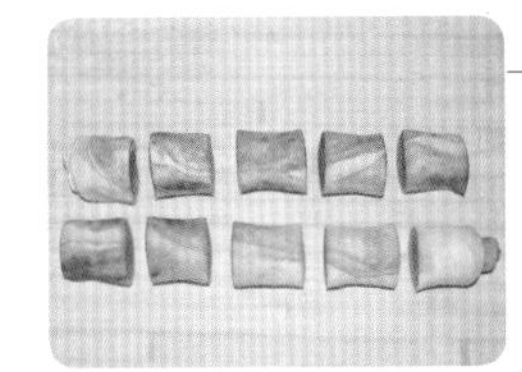

7. 卷起来，分成 10 份。

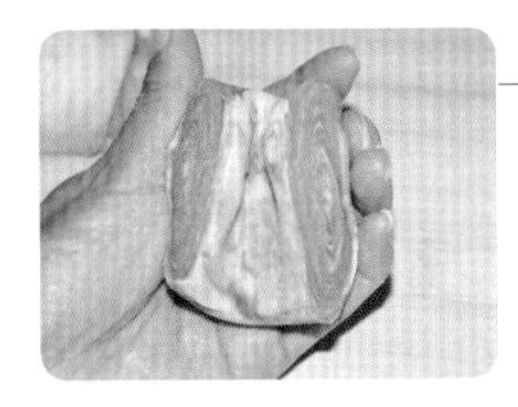

8. 把切口往中间收。

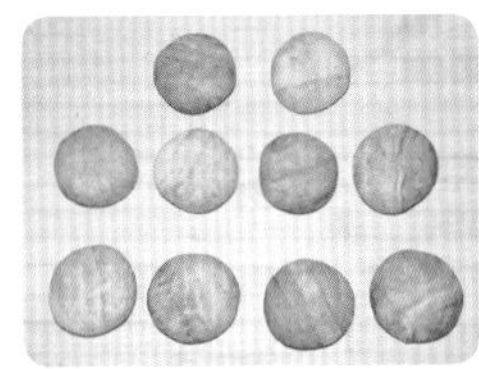

9. 稍整理成圆形。

10. 5 克老抽、10 克蜂蜜、10 克水混合。

11. 把酱油水刷在烧饼表面，蘸满白芝麻，码放在不粘烤盘上，盖好醒 20 分钟。

12. 送入预热好的烤箱，200 摄氏度烤 20 分钟。

二狗妈妈碎碎念

1. 卷起来的面团一定要松弛 20 分钟后再擀开，不然面皮容易破。
2. 没有烤箱，用平底锅烙熟也可以。

NANGUAHONGTANGYOUBING
南瓜
红糖油饼
看着不好看，但是很好吃的
油饼，有丝丝的甜香……

◎ 原料 YUANLIAO

南瓜面团：
南瓜泥 100 克
鸡蛋 1 个
酵母 2 克
中筋面粉 200 克

红糖面团：
红糖 50 克
开水 60 克
耐高糖酵母 1 克
中筋面粉 130 克

◎ 做法 ZUOFA

1. 100 克蒸熟凉透的南瓜泥、1 个鸡蛋（约 50 克）、2 克酵母放入盆中，搅匀静置 1 分钟再搅匀。

2. 加入 200 克中筋面粉。

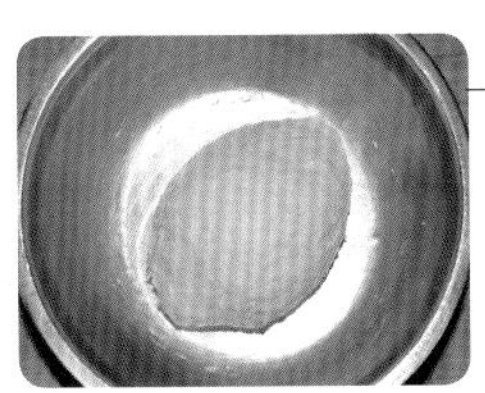

3. 揉成面团，盖好静置 1 小时。

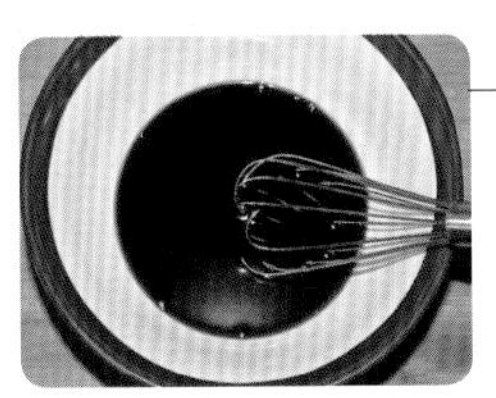

4. 50 克红糖加 60 克开水搅匀，凉透后加入 1 克耐高糖酵母搅匀，静置 1 分钟再搅匀。

5. 加入 130 克中筋面粉。

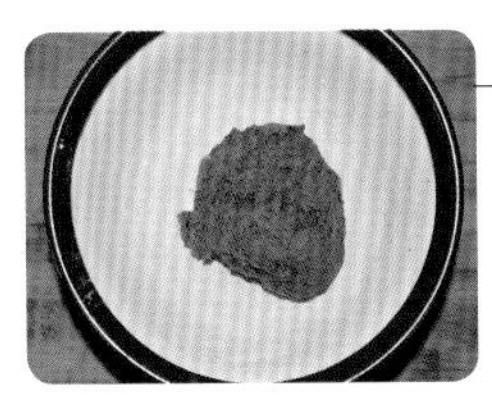

6. 和成面团，盖好，静置 1 小时。

7. 静置好的面团明显变胖哟。

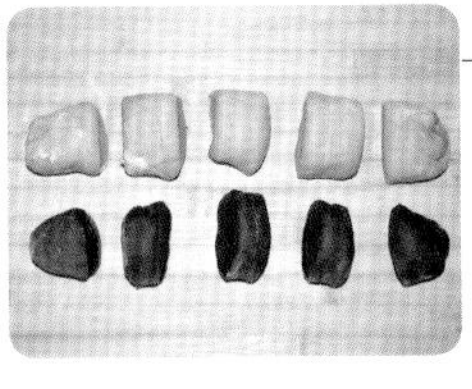

8. 把静置好的面团各分成 5 份。

9. 把两种面团按扁，红糖面团放在南瓜面团上。

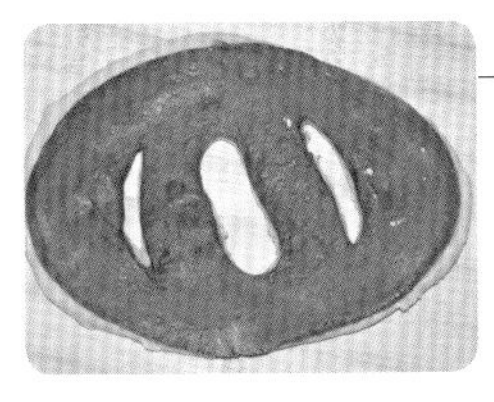

10. 擀开，用刀划三刀，依次全部做好，盖好，静置 15 分钟。

11. 油温八成热的时候下入油饼，糖面朝下，中火炸至表面明显鼓起大泡。

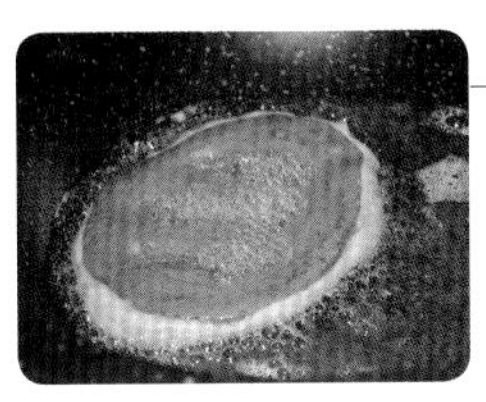

12. 翻面，再炸至两面金黄就可以出锅啦。

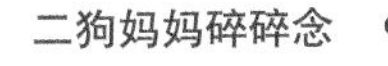

二狗妈妈碎碎念

1. 红糖水一定要凉透再加酵母，不然酵母会丧失活性。
2. 红糖面团中糖分含量太高，请用耐高糖酵母。
3. 油温不要过高，以免油饼炸不透。

JINSIJBING

金丝饼

轻轻一抖，整个饼就会变成一根根的金丝，好看极了……

◎ 原料 YUANLIAO

南瓜泥 150 克
水 60 克
盐 3 克
酵母 3 克
中筋面粉 300 克

二狗妈妈碎碎念

1. 面条切得越细，金丝就会越细哟。
2. 刷在面条上的油一定要刷满，不然烙出来金丝会粘在一起。
3. 南瓜泥含水量不同，注意根据自家南瓜泥调整面粉用量。

◎ 做法 ZUOFA

1. 150 克蒸熟凉透的南瓜泥放入盆中，加入 60 克水、3 克盐、3 克酵母搅匀。

2. 搅匀后加入 300 克中筋面粉。

3. 揉成面团，盖好，放温暖地方发酵 60 分钟。

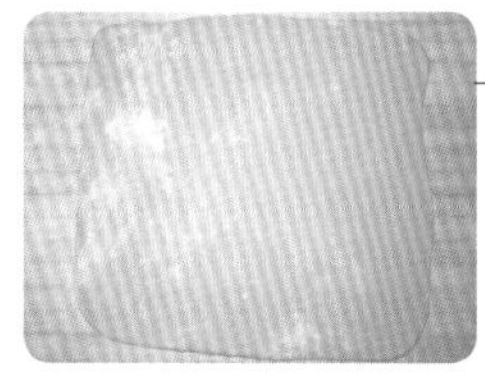

4. 案板上撒面粉，把面团揉匀后擀成大薄片。

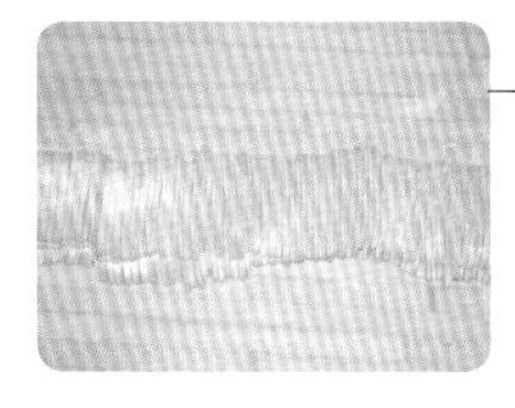

5. 撒面粉后上下对折再对折后，切成面条。

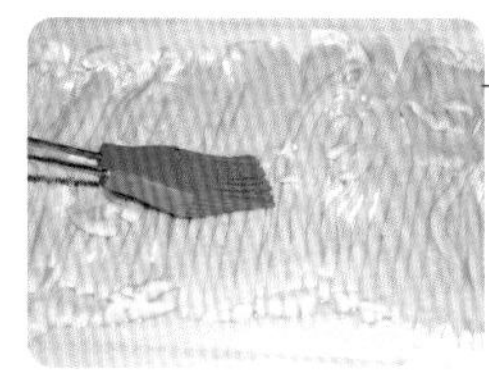

6. 把面条上下打开一折，刷满油。

7. 把面条大概分成 6 份，取一份面条拧起来，尾巴收在下方。

8. 将拧好的面团按扁。

9. 平底锅大火烧热后倒油转小火，把饼都码放进去，盖好锅盖。

10. 五六分钟后，翻面，再烙两三分钟，至两面金黄就可以出锅啦。

ZHUROUDACONGQIANCENGROUBING

猪肉大葱千层肉饼

一层、两层、三层、四层……我真的数不清到底有多少层……

◎ 原料 YUANLIAO

面团：
中筋面粉 500 克
开水 200 克
冷水 150 克

馅：
猪肉馅 500 克
大葱碎 100 克
鸡蛋 1 个
香油 20 克
酱油 20 克
黄豆酱 40 克
十三香 1 克
盐 6 克

二狗妈妈碎碎念

1. 面团比较粘手，千万别再加干面粉进去哟，肉饼的面团要软一些才好吃。
2. 肉馅加好料后，要顺着一个方向使劲搅拌，一直到比较黏稠了才可以。
3. 肉饼包好后，静置一会儿再擀，皮不那么容易破，擀的时候要轻一些。
4. 烙制的时候，全程小火，盖好锅盖，也可以用电饼铛双面加热六七分钟就可以啦。

◎ 做法 ZUOFA

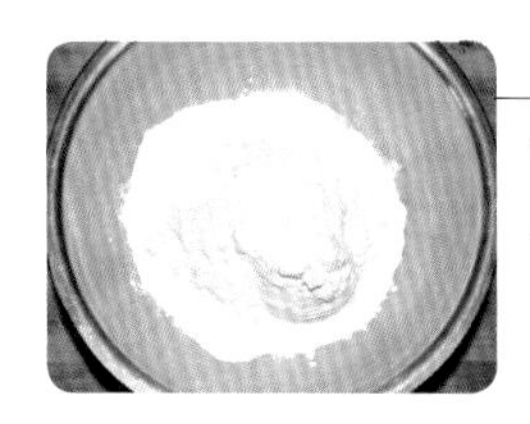

1. 500 克中筋面粉倒入盆中。

2. 加入 200 克开水迅速搅匀。

3. 再加入 150 克冷水搅匀。

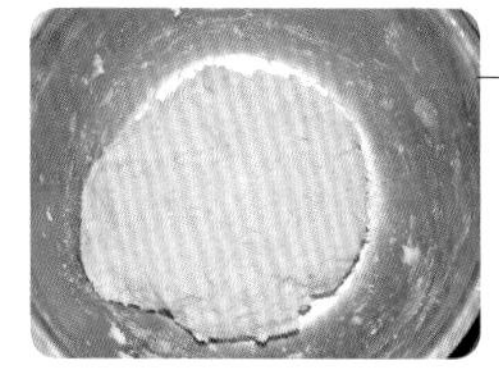

4. 和成面团（比较粘手，和成团就可以了），盖好醒 30 分钟。

5. 500 克猪肉馅放入盆中，加入 100 克大葱碎。

6. 加入 1 个鸡蛋、20 克香油、20 克酱油、40 克黄豆酱、1 克十三香调料、6 克盐。

7. 朝一个方向搅拌，一直到非常黏稠。

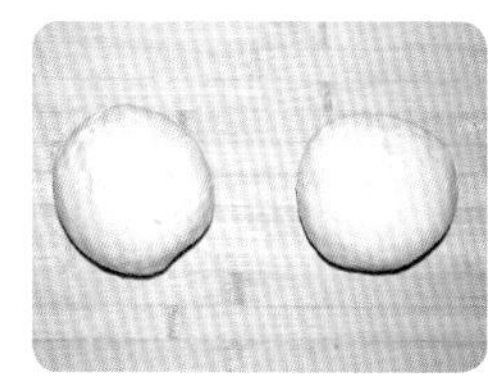

8. 案板上撒面粉，把面团放案板上揉匀后分成两份。

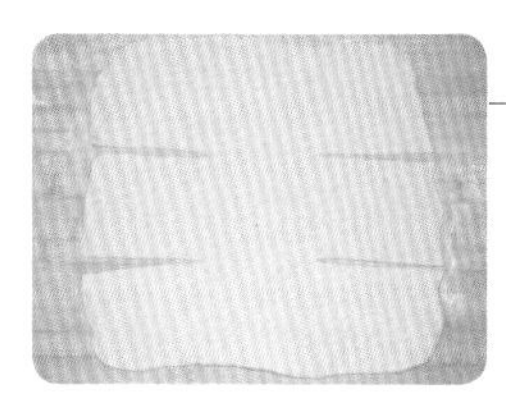

9. 取一块面团擀成正方形，如图切出 4 刀。

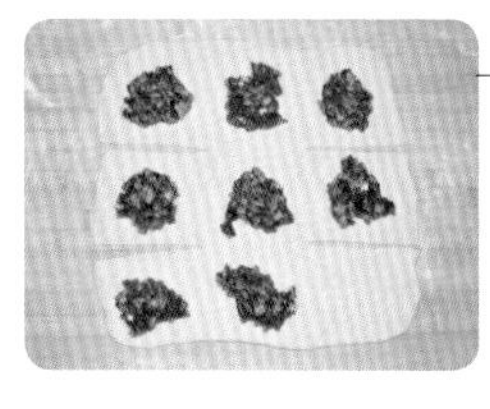

10. 把一半肉馅分成 8 份如图摆放（右下角不放馅）。

11. 把肉馅用勺子背均匀抹平。

12. 先把右下角面片往左折。

13. 再把左下角面片往右折盖住刚才的面片。

14. 把下方面片向上翻折。

15. 再把右边面片往左折，盖住刚才的面片。

16. 把左边面片往右折。

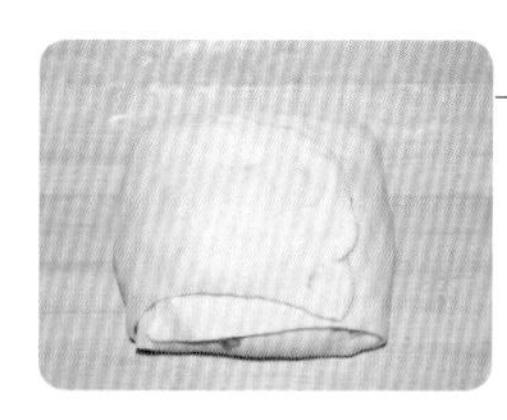

17. 重复步骤 14～16，就成了一个厚厚的大饼。

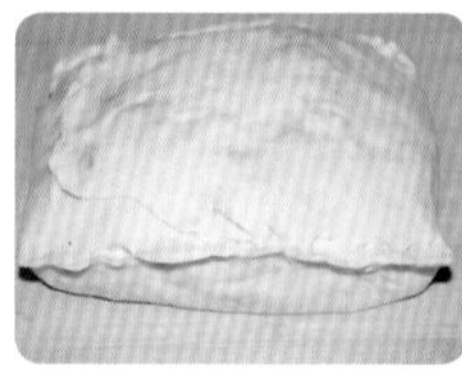

18. 把侧面露馅的地方捏紧，静置 10 分钟。

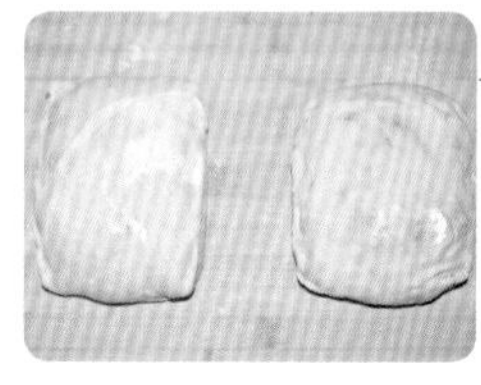

19. 静置的时间把另外一个饼也做好。

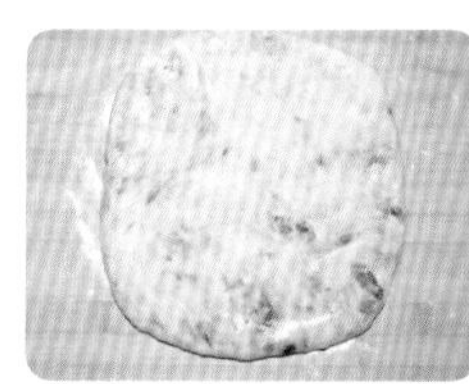

20. 用擀面杖轻擀开，不用很薄哟。

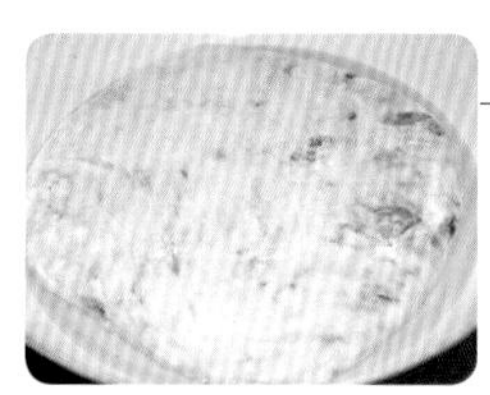

21. 平底锅大火烧热后加油，转小火，把肉饼放入锅中。

22. 盖好锅盖，等待七八分钟后翻面，再等待五六分钟，两面金黄就可以出锅啦。

LVROUHUOSHAO

驴肉火烧

驴肉把饼塞得满满的，只有自己做才可以这么实惠哟……

◎ 原料 YUANLIAO

酱驴肉：
驴肉 1000 克
大葱 5 段
姜 3 片
八角 3 颗
桂皮 1 小块
香叶 2 片
丁香 4 颗
黄豆酱 60 克
老抽 20 克
酱油 20 克
冰糖 10 克
花椒一小把
十三香调料 1 克

饼：
中筋面粉 360 克
开水 150 克
冷水 100 克

葱油酥：
油 80 克
大葱 60 克
中筋面粉 60 克
花椒粉一小撮
盐 4 克

二狗妈妈碎碎念

1. 驴肉最好选用稍微带一些肥的，吃起来口感更好，在网上就有鲜驴肉卖哟。
2. 驴肉炖好后尝一下汤的咸淡，应该是稍咸一点，如果觉得不够咸，可以再加一点盐。
3. 如果想要饼再酥脆一些，可以烙好后再放入烤箱，180 摄氏度烤 10 分钟。
4. 饼单吃也很好吃，不想塞驴肉，也可以用来夹鸡蛋哟。

◎ 做法 ZUOFA

1. 1000 克驴肉切大块（和拳头差不多大小），放入锅中，加水没过驴肉，抓一小把花椒放入锅中。

2. 大火烧开后，把肉翻拌均匀，煮两三分钟后关火。

3. 把肉捞出后再清洗一下放入砂锅（可以用您喜欢的锅，不一定是砂锅）。

4. 准备好 5 段大葱、3 片姜、3 颗八角、1 小块桂皮、2 片香叶、4 颗丁香。

5. 准备一个碗，放入 60 克黄豆酱、20 克老抽、20 克酱油、10 克冰糖、1 克十三香调料。

6. 把准备好的原料都放入锅中，加热水，热水与肉齐平即可。

7. 大火烧开。

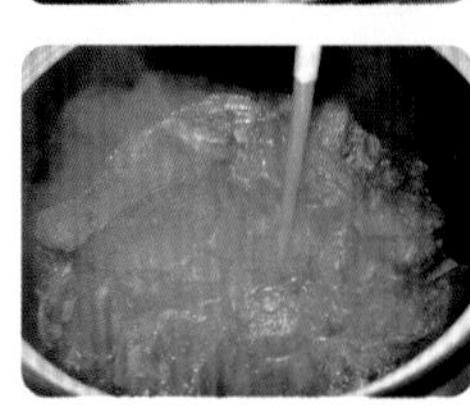

8. 转小火，炖足 150 分钟，用筷子轻易插透肉块就可以关火了，尝一下汤的咸淡，觉得淡可以加一点盐。

9. 现在我们来做葱油酥：锅中放入 80 克油，加入 60 克大葱。

10. 小火加热，不停煸炒，一直到大葱呈焦黄色，关火。

11. 把葱捡出不要，趁热往油中加入 60 克中筋面粉。

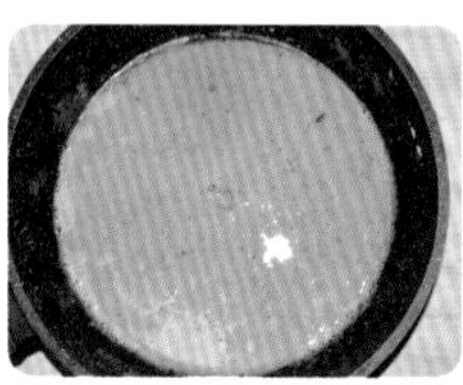

12. 迅速搅匀后，加入一小撮花椒粉、4 克盐搅匀，放凉备用。

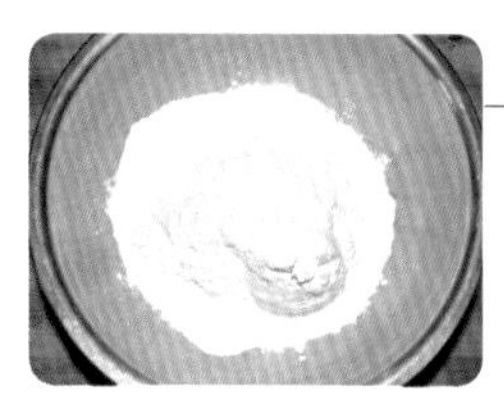

13. 现在我们来和饼面团：360 克中筋面粉倒入盆中。

14. 加入 150 克开水迅速搅匀。

15. 再加入 100 克冷水搅匀。

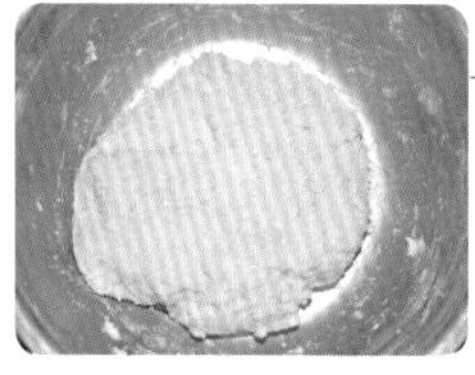

16. 和成面团（比较粘手，和成团就可以了），盖好醒 30 分钟。

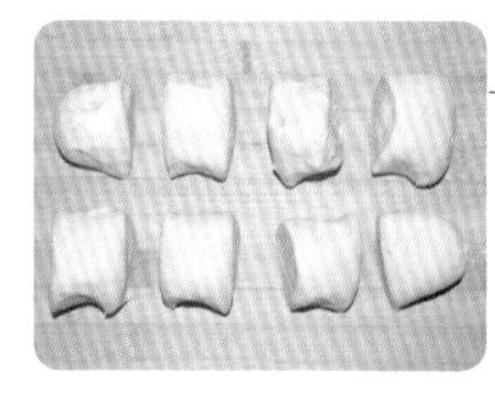

17. 案板上撒面粉，把面团放案板上揉匀后分成 8 份。

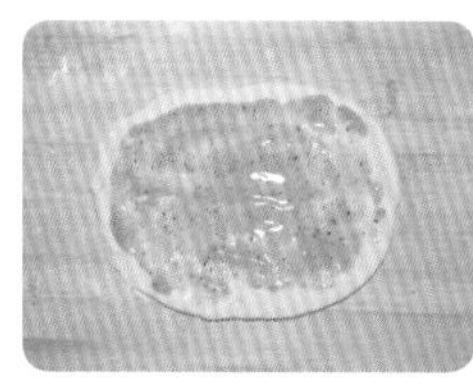

18. 取一块面团擀开，用勺子背抹上一层葱油酥。

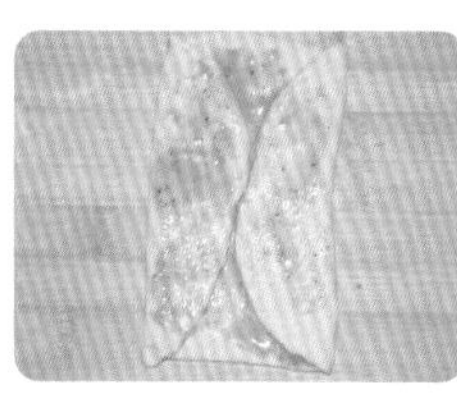

19. 左右对折后再抹一层葱油酥。

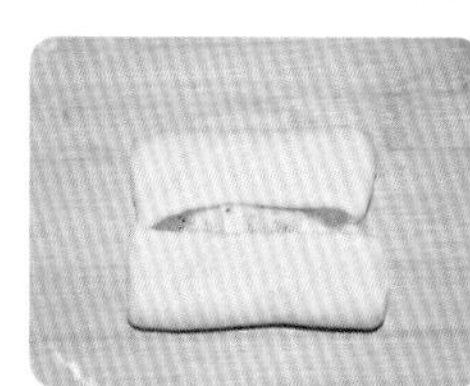

20. 上下对折。

21. 再对折。

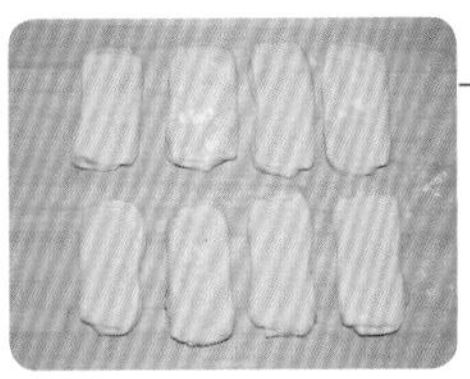

22. 依次做好8个饼，稍擀。

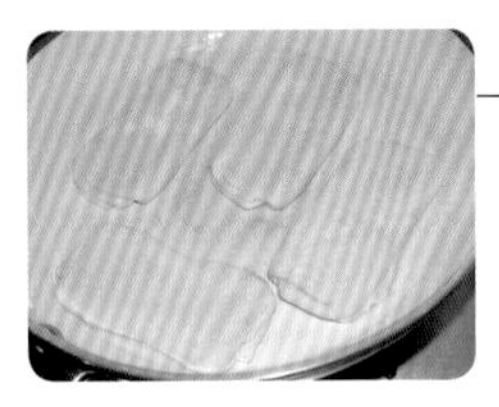

23. 平底锅大火烧热转小火，放少许油后把饼放进锅中。

24. 盖好锅盖，每面烙两三分钟，有焦黄色就可以出锅了。

25. 把肉捞出，放一些尖椒剁碎，浇一些肉汤。

26. 把烙好的饼从中间掰开，把剁好的肉塞进饼中，就可以食用啦。

ROUJIAMO

肉夹馍

每次去陕西三姐家，一定要吃的就是肉夹馍，我喜欢那里的白吉馍，直接吃就很好吃。回到北京，想吃这口的时候，又不想跑出去买，就自己动手做，自家做的馍比外卖的软乎，自家炖的肉想往馍里塞多少就塞多少，嘿嘿，一口咬下去，超满意！

◎ 原料 YUANLIAO

炖肉：
带皮五花肉 900 克
大葱 3 段
姜 3 片
八角 2 颗
桂皮 1 小块
干辣椒 2 个
黄豆酱 120 克
老抽 30 克
酱油 30 克
冰糖 20 克
花椒一小把

面团：
水 170 克
酵母 3 克
中筋面粉 300 克

二狗妈妈碎碎念

1. 干辣椒放进去不会有辣味的，实在不喜欢您可以不放。
2. 肉炖好后尝一下汤的咸淡，应该是稍咸一点，如果觉得不够咸，可以再加一点盐。
3. 如果想要饼子再酥脆一些，可以烙好后再放入烤箱，180 摄氏度烤 10 分钟。
4. 剁肉的时候是否加辣椒和香菜，看您个人喜好哟。

◎ 做法 ZUOFA

1. 一块带皮五花肉（约 900 克），洗净后切成 5 厘米左右的大块。

2. 把肉放在锅中，加水没过肉，放一小把花椒到锅中。

3. 大火烧开后，把肉翻拌均匀，煮两三分钟后关火。

4. 把肉捞出后再清洗一下放入砂锅（可以用您喜欢的锅，不一定是砂锅）。

5. 准备好 3 段大葱、3 片姜、2 颗八角、1 小块桂皮、2 个干辣椒。

6. 准备一个碗，放入 120 克黄豆酱、30 克老抽、30 克酱油、20 克冰糖。

7. 把准备好的料都放入锅中，加水，水与肉齐平即可。

8. 大火烧开。

9. 转小火，炖足90分钟，用筷子轻易插透肉块就可以关火了，尝一下汤的咸淡，觉得淡可以加一点盐。

10. 170克温水放入盆中，加入3克酵母搅匀。

11. 加入300克中筋面粉，揉成面团，盖好，放温暖地方发酵约60分钟。

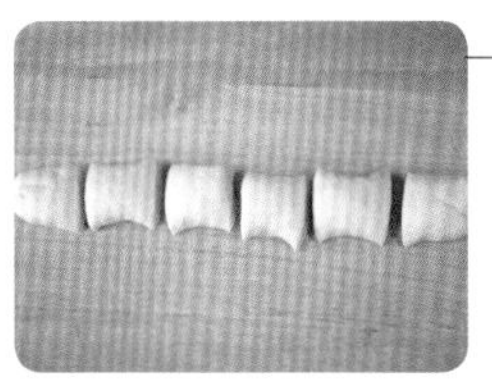

12. 案板上撒面粉，把面团放案板上揉匀后平均分成6份。

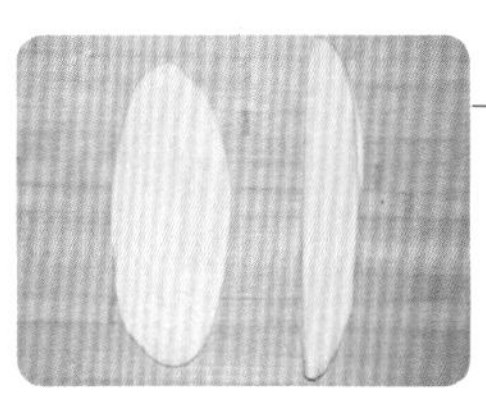

13. 取一块面团擀长，左右对折。

14. 从一头卷起。

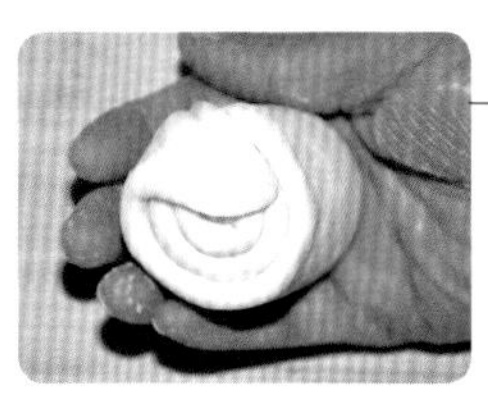

15. 把尾巴藏在下方。

16. 收口朝下，按扁。

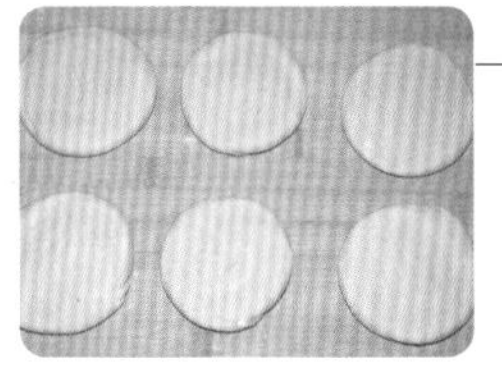

17. 同样的方法把6个饼都做好，稍擀薄，盖好静置15分钟。

18. 平底锅大火烧热转小火，不用放油，直接放饼。

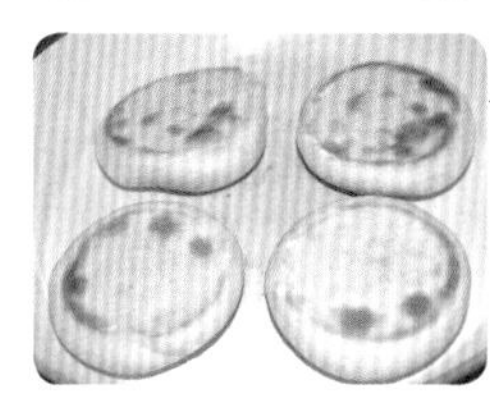

19. 盖好锅盖，每面烙约3分钟，有焦黄色就可以出锅了。

20. 把肉捞出，放一些尖椒、香菜剁碎（不喜欢可以不放尖椒和香菜），浇一些肉汤。

21. 把烙好的饼从中间剖开（不切断），把剁好的肉塞进饼中，就可以食用啦。

CHAPTER

4

包子

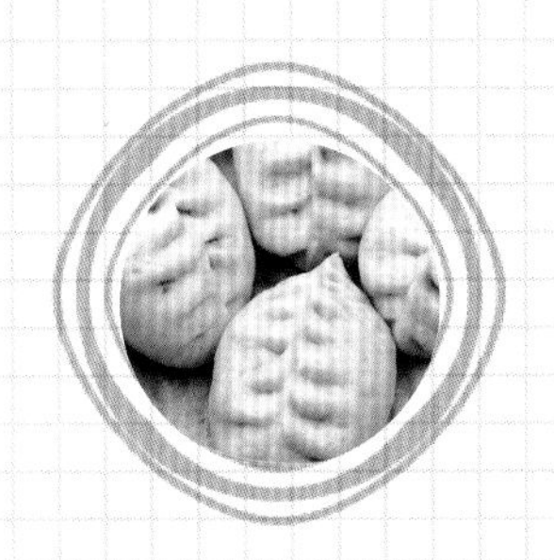

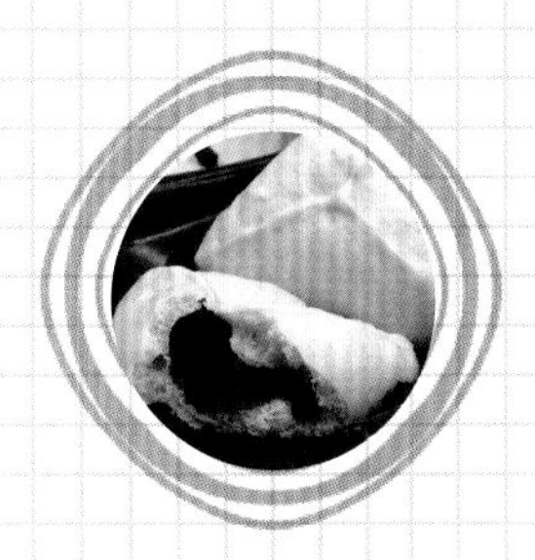

提起包子，我常常会想到“宰相肚里能撑船”这句谚语，包子是最宽宏大量的吃食了，因为它的肚子里可以放任何您想放的食材哟。

本章节里的包子，有肉有菜，有甜有咸，还有一种竟然可以吃到整块扣肉！想想看，一口咬下去，那个滋味，香到不想说话。快翻开瞧瞧吧，到底是咋做出来的?

NAIHUANGBAO

奶黄包

糯糯的，甜甜的，吃一口，好满足……

◎ 原料 YUANLIAO

面皮：
水 170 克
糖 10 克
酵母 2 克
中筋面粉 300 克

奶黄馅：
无盐黄油 30 克
淡奶油 100 克
糖 40 克
鸡蛋 2 个
澄面 80 克
奶粉 40 克

二狗妈妈碎碎念

1. 如果您没有奶黄馅中的淡奶油，那就换成80克牛奶也可以，但其他原料不可以替换哟。
2. 煮奶黄馅的火力千万不能太大，不然很容易煳锅。

◎ 做法 ZUOFA

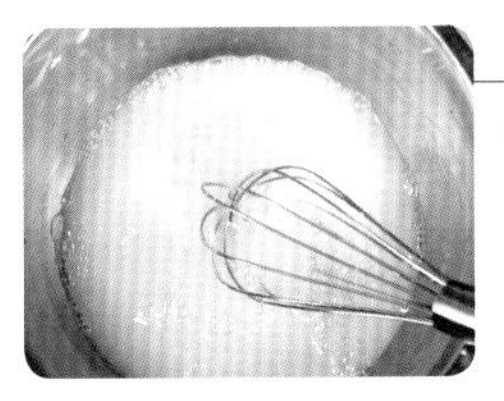

1. 170 克水、10 克糖、2 克酵母搅拌均匀。

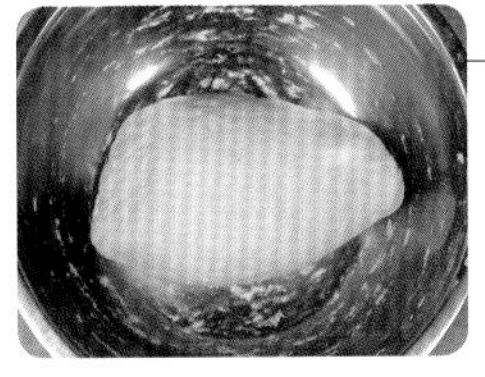

2. 加入 300 克中筋面粉，揉成面团，盖好，放温暖地方发酵约 60 分钟。

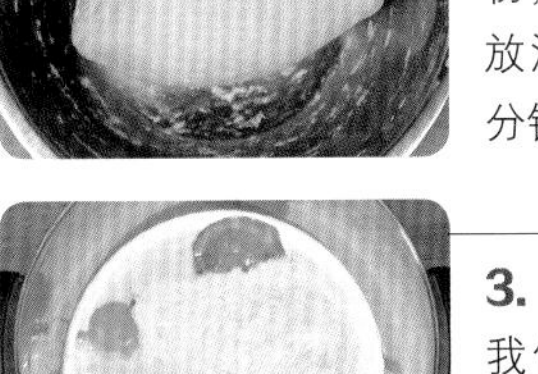

3. 发酵面团的时间，我们来做奶黄馅：准备一个小锅，30 克无盐黄油、100 克淡奶油、40 克糖、2 个鸡蛋、80 克澄面、40 克奶粉放入小锅中。

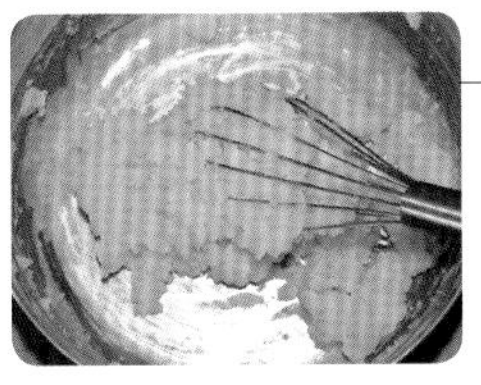

4. 小火加热，边加热边搅拌，一直到浓稠至结块，关火凉透备用。

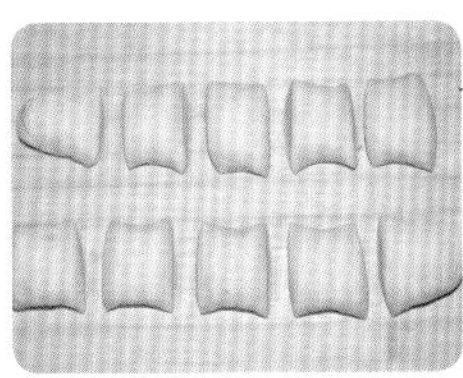

5. 案板上撒面粉，把面团放案板上揉匀后平均分成 10 份。

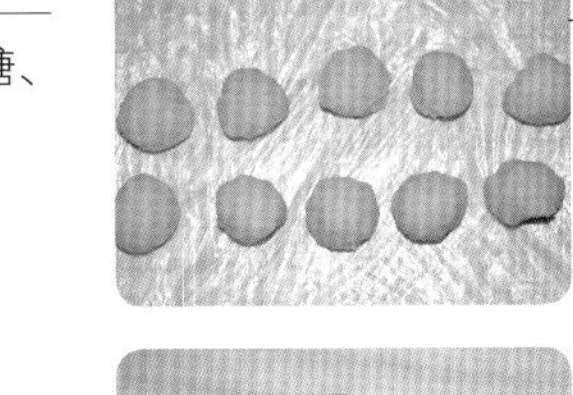

6. 把奶黄馅也分成 10 份。

7. 取一块面团擀开，放一份奶黄馅。

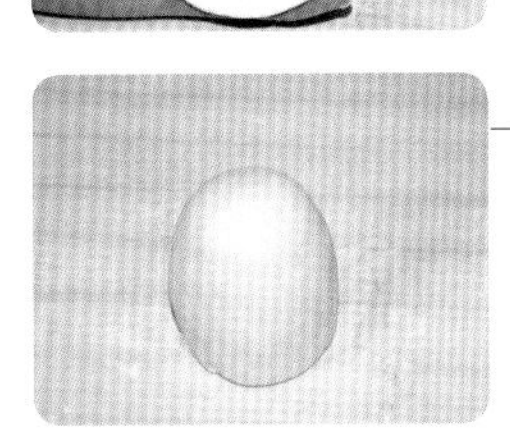

8. 包好，捏紧收口，收口朝下整理成圆形。

9. 蒸锅放足冷水，蒸屉刷油，把奶黄包码放在蒸屉上，盖好静置 15~20 分钟，大火烧开，转中火蒸制 13 分钟，关火后闷 5 分钟再出锅。

DOUJIAOJIANGROUBAOZI

豆角酱肉包子

我家经常会用电饭锅酱一些五花肉，切丁包包子，或者切片炒菜都很好吃，这款包子，又是一款万人迷包子，吃过的人都说好吃，您不想试试吗？

◎ 原料 YUANLIAO

面皮：	水 100 克
水 260 克	葱两三段
酵母 5 克	
中筋面粉 500 克	豆角 400 克
	蚝油 30 克
馅：	盐 2 克
带皮五花肉 360 克	十三香调料 1 克
黄豆酱 100 克	

◎ 做法 ZUOFA

1. 360 克带皮五花肉切花刀（或者牙签扎孔）。

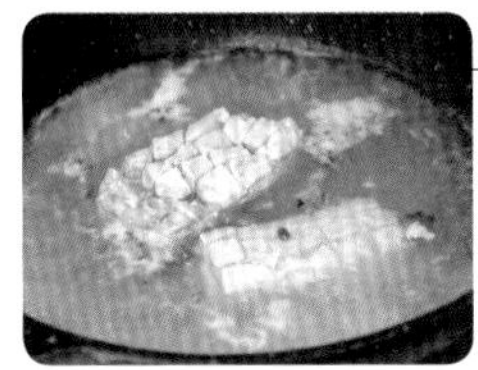

2. 放入冷水中，加入花椒后把水烧开，焯约 2 分钟后捞出。

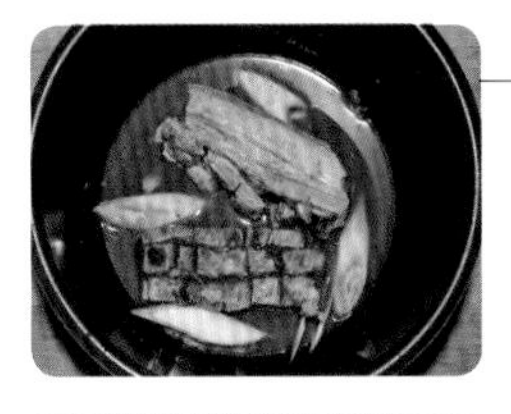

3. 放入电饭锅内，加入 100 克黄豆酱、100 克水、两三段葱，两个煮饭程序后闷至自然凉。

4. 400 克豆角摘筋后放入开水锅中煮 3 分钟后捞出过凉。

5. 豆角、酱肉切丁后，把酱肉汤倒入盆中，加入 30 克蚝油、2 克盐、1 克十三香调料。

6. 拌匀备用。

7. 260 克水、5 克酵母搅拌均匀，加入 500 克中筋面粉。

8. 揉成面团，盖好，放温暖地方发酵约 60 分钟。

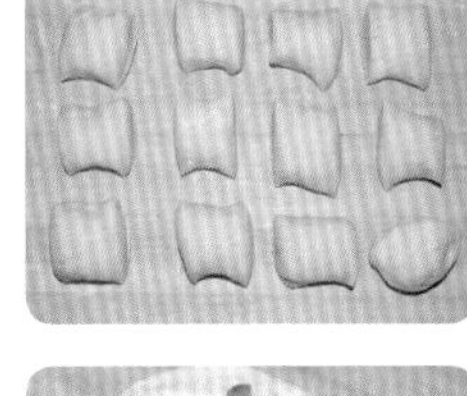

9. 案板上撒面粉，面团放案板上揉匀搓长，分成 12 份。

10. 擀成包子皮后，放上馅料。

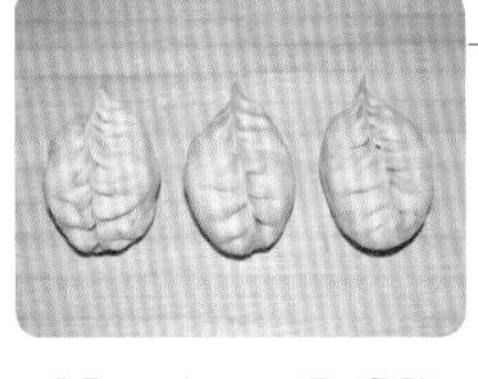

11. 包成包子。

12. 蒸锅放足冷水，蒸屉刷油，把包子码放在蒸屉上，盖好静置 15~20 分钟，大火烧开，转中火蒸制 15 分钟，关火后闷 5 分钟再出锅。

二狗妈妈碎碎念

1. 不想用电饭锅炖肉，那就用您喜欢的锅炖，至少要炖 1 小时哟。
2. 十三香调料如果买不到，放一点五香粉，有一样的提香效果哟。
3. 我包的包子很难看，您可以包成自己喜欢的样子哟。

XIANGGUROUDINGBAOZI

香菇肉丁包子

这款包子在微博上被很多人喜欢，酱香十足，香菇香气浓郁，五花肉丁软烂，又有粉条的糯和马蹄的脆，美妙极了……

◎ 原料 YUANLIAO

面皮：
水 220 克
酵母 4 克
中筋面粉 400 克

馅：
去皮五花肉 260 克
黄豆酱 60 克
老抽 2 克
糖 2 克
水适量
马蹄碎 80 克
粉条段 120 克
鲜香菇丁 100 克
盐 2 克
十三香调料少许

◎ 做法 ZUOFA

1. 220 克水、4 克酵母搅拌均匀，加入 400 克中筋面粉。

2. 揉成面团，盖好，放温暖地方发酵约 60 分钟。

3. 260 克五花肉切丁。

4. 60 克黄豆酱、2 克老抽、2 克糖放入碗中。

5. 炒锅大火烧热，放少许油，把肉丁放进锅中炒至变色。

6. 把小碗中的料放入锅中，加水和肉齐平。中火炖约 15 分钟，至汤汁浓稠就可以关火了。

7. 把肉丁倒入盆中凉透，加入80克马蹄碎、120 克粉条段、100 克鲜香菇丁。

8. 加入 2 克盐和十三香调料，抓匀备用。

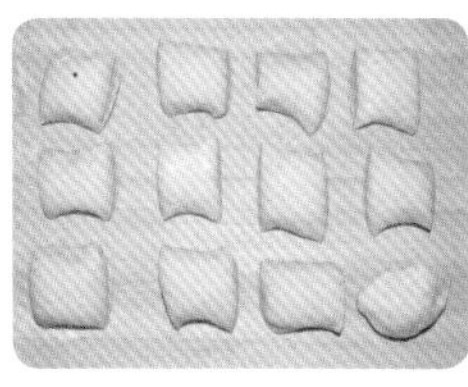

9. 案板上撒面粉，面团放案板上揉匀搓长，分成 12 份。

10. 擀成包子皮后，放上馅料。

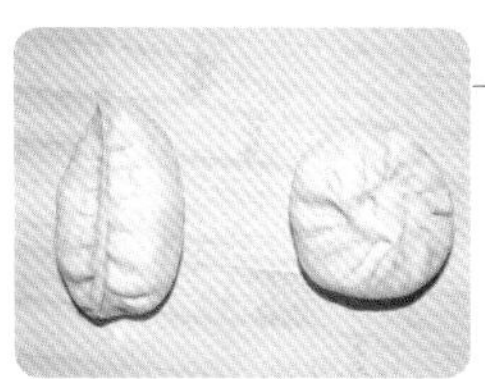

11. 包成您喜欢的包子样子。

12. 蒸锅放足冷水，蒸屉刷油，把包子码放在蒸屉上，盖好静置 15～20 分钟，大火烧开，转中火蒸制 15 分钟，关火后闷 5 分钟再出锅。

二狗妈妈碎碎念

1. 买不到马蹄（荸荠），就用藕切丁替换。
2. 鲜香菇洗净后要攥干水分再切丁使用。

HUIXIANGZHUROUBAOZI

茴香猪肉包子

先生是北京人，他喜欢茴香的一切做法，其中茴香猪肉是最爱，西北大妞的我跟了他以后，也开始喜欢上了茴香的独特香气……

◎ 原料 YUANLIAO

面皮：
水 190 克
酵母 4 克
中筋面粉 350 克

馅：
猪肉馅 250 克
茴香 250 克
鸡蛋 1 个
香油 20 克
蚝油 10 克
黄豆酱 40 克
盐 5 克
十三香调料少许

二狗妈妈碎碎念

1. 不喜欢茴香的特殊味道，可以用其他菜替换，比如：小白菜、香芹、油菜等。
2. 十三香调料如果买不到，放一点五香粉，可以达到一样的提香效果哟。

◎ 做法 ZUOFA

1. 190 克水、4 克酵母搅拌均匀，加入 350 克中筋面粉。

2. 揉成面团，盖好，放温暖地方发酵约 60 分钟。

3. 面团发酵的时间，我们来做馅儿：250 克茴香择洗干净切碎放入盆中，加入 250 克猪肉馅儿。

4. 加入 1 个鸡蛋、20 克香油、10 克蚝油、40 克黄豆酱、5 克盐和少许十三香调料。

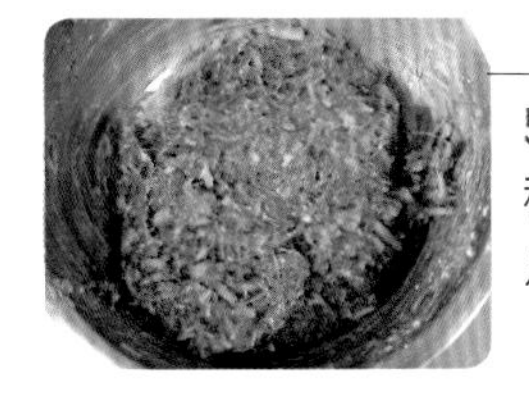

5. 顺一个方向搅拌浓稠后放入冰箱冷藏备用。

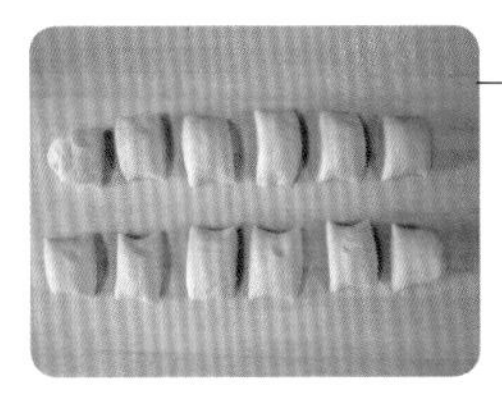

6. 案板上撒面粉，把面团放案板上揉匀后平均分成 12 份。

7. 擀成包子皮，放馅儿。

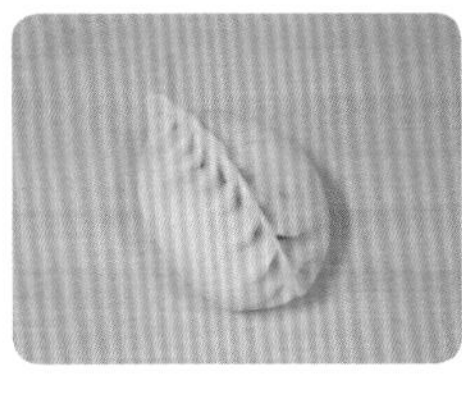

8. 捏成树叶形（或者您喜欢的形状）。

9. 蒸锅放足冷水，蒸屉刷油，把包子码放在蒸屉上，盖好静置 15～20 分钟，大火烧开，转中火蒸制 15 分钟，关火后闷 5 分钟再出锅。

POSUYECAIZHUROUBAOZI

破酥野菜猪肉包子

没有了野菜的苦涩，满口香气萦绕，这就是破酥包子的奥妙……

◎ 原料 YUANLIAO

馅：	面团：
焯水、攥干的	水 280 克
野菜 400 克	酵母 5 克
猪肉馅 300 克	中筋面粉 500 克
黄豆酱 50 克	
蚝油 20 克	油酥：
香油 15 克	100 克猪油
盐 3 克	200 克中筋面粉
十三香调料少许	

◎ 做法 ZUOFA

1. 280 克水、5 克酵母搅拌均匀，加入 500 克中筋面粉。

2. 揉成面团，盖好，放温暖地方发酵约 60 分钟。

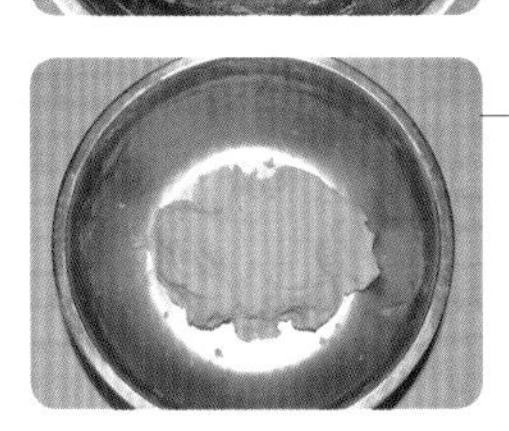

3. 另取一个盆，200 克中筋面粉加 100 克猪油和成油酥面团，盖好备用。

4. 野菜焯水攥干水分，取 400 克切碎放入盆中，加 300 克猪肉馅。

5. 加入 50 克黄豆酱、20 克蚝油、15 克香油、少许十三香调料、3 克盐。

6. 搅拌均匀备用。

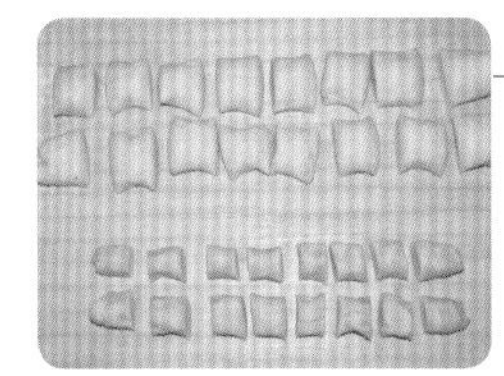

7. 发酵好的面团分成 16 份，油酥也分成 16 份。

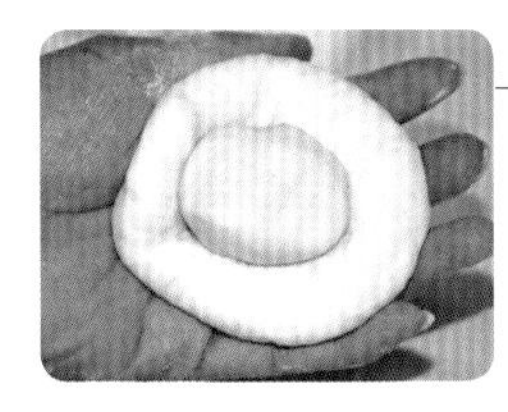

8. 取一块面团按扁，包入一块油酥。

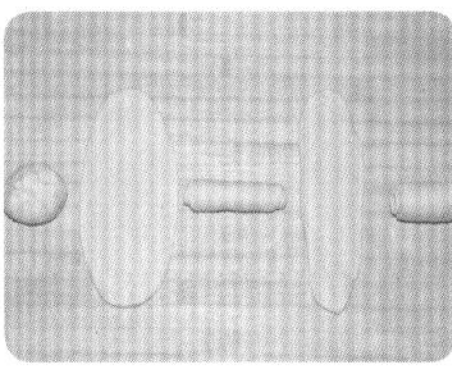

9. 捏紧收口，收口朝上，擀长，卷起来，向左旋转 90 度，再擀长，卷起来。

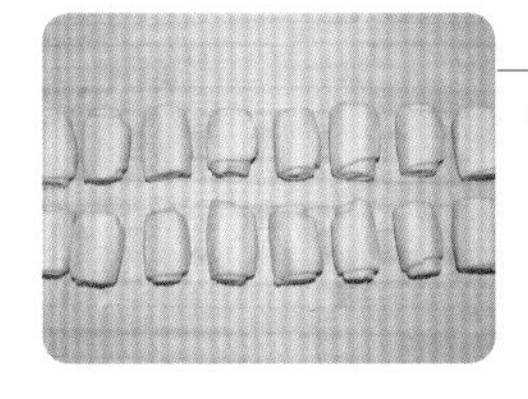

10. 依次做好所有面团，盖好静置 10 分钟。

11. 把卷好的面团收口朝上，按扁，擀成方形面片，放馅，对折，捏成饺子形状。

12. 蒸锅放足冷水，蒸屉刷油，把包子码放在蒸屉上，盖好静置 15~20 分钟。大火烧开，转中火蒸制 15 分钟，关火后闷 5 分钟再出锅。

二狗妈妈碎碎念

1. 我用的野菜是红薯叶子，您可以用其他喜欢的野菜，只要焯水攥干取 400 克就可以啦。
2. 猪油的做法可以去看“破酥馒头”，不喜欢猪油，您可以用无盐黄油（等量）或者植物油（减少 10 克左右）替换，但没有猪油香哟。

MANYUEMEITANGSANJIAO

蔓越莓糖三角

加了蔓越莓干的糖三角，中和了红糖的甜，很好吃的。

◎ 原料 YUANLIAO

面皮：
水 170 克
糖 10 克
酵母 2 克
中筋面粉 300 克

糖馅：
红糖 100 克
中筋面粉 30 克
蔓越莓干少许

二狗妈妈碎碎念

1. 红糖加点面粉，可以防止蒸好的糖三角馅流出。
2. 不喜欢蔓越莓干，可以不加。

◎ 做法 ZUOFA

1. 170 克水、10 克糖、2 克酵母搅拌均匀。

2. 加入 300 克中筋面粉，揉成面团，盖好，放温暖地方发酵约 60 分钟。

3. 100 克红糖加 30 克中筋面粉放入保鲜袋里擀碎。

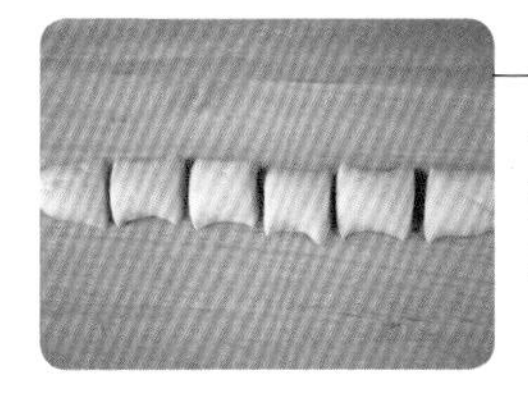

4. 案板上撒面粉，把面团放案板上揉匀后平均分成 6 份。

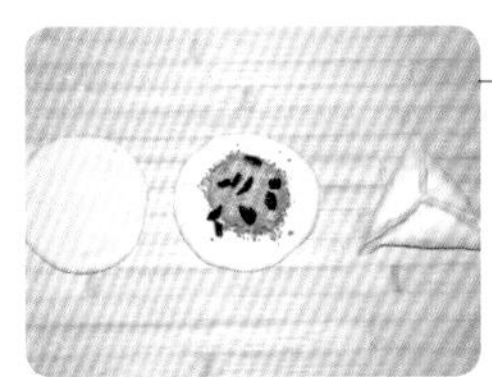

5. 取一块面团擀圆（不要太薄），放入红糖，再加上几粒蔓越莓干，包成三角形状，捏紧收口。

6. 蒸锅放足冷水，蒸屉刷油，把糖三角码放在蒸屉上，盖好静置 15~20 分钟。大火烧开，转中火蒸制 13 分钟，关火后闷 5 分钟再出锅。

红豆小花包

HONGDOUXIAOHUABAO

我的小花是顶美容伞，不管包子多难看，只要有了这把伞，秒变“白富美”！

◎ 原料 YUANLIAO

面皮：
水 170 克
糖 10 克
酵母 2 克
中筋面粉 300 克
玉米油 60 克
玫瑰酱或桂花酱 20 克
本次所需红豆馅约 330 克

红豆馅：
红小豆 500 克
糖 100 克

装饰：
枸杞子 6 粒

◎ 做法 ZUOFA

1. 500 克红小豆放入盆中，加入足量的清水，浸泡约 8 小时。

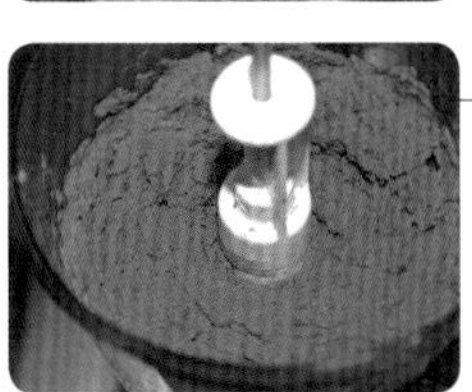

2. 把红小豆清洗一下，放入锅中，加入清水，没过红小豆约 2 厘米。

3. 大火烧开，撇掉浮沫，转小火，煮约 40 分钟。

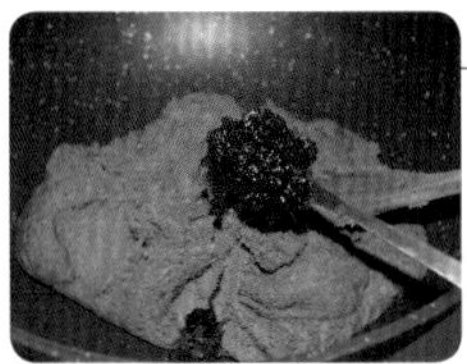

4. 煮好的红豆滤去水分，放入料理机打碎（喜欢颗粒口感的可省略此步骤）。

5. 把打碎的红豆泥倒入炒锅中，加入 100 克糖和 60 克玉米油。

6. 中火炒至黏稠关火，加入 20 克玫瑰酱或桂花酱，搅拌均匀放凉备用。

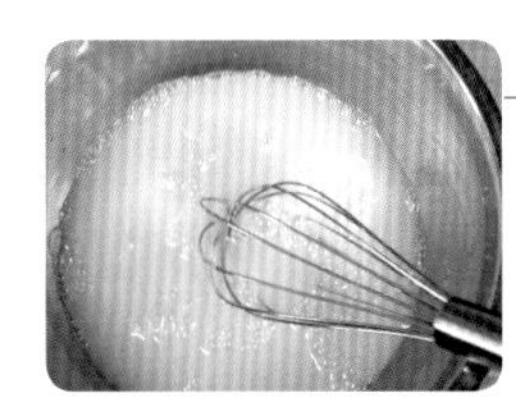

7. 170 克水、10 克糖、2 克酵母搅拌均匀。

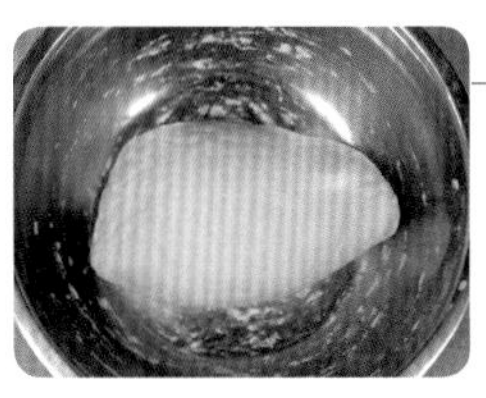

8. 加入 300 克中筋面粉，揉成面团，盖好，放温暖地方发酵约 60 分钟。

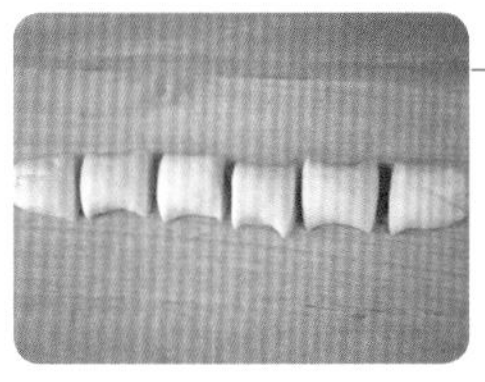

9. 案板上撒面粉，把面团放案板上揉匀后平均分成 6 份。

10. 准备好 6 个红豆馅球，每个约 55 克。

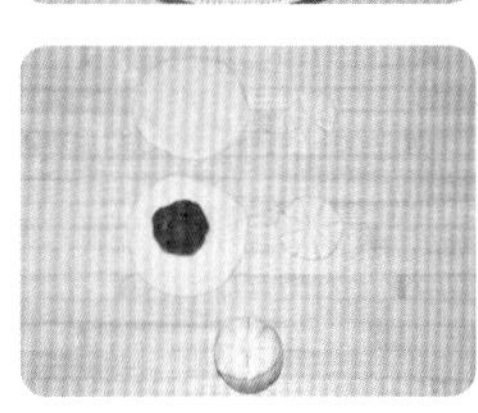

11. 取一块面团，切掉一小块，分别擀圆，小圆片切 8 刀成小花状，大圆片包入红豆馅，捏紧收口，收口朝下放好，把小花用水粘在顶部。

12. 蒸锅放足冷水，蒸屉刷油，把红豆包码放在蒸屉上，中心按 1 粒枸杞子，盖好静置 15～20 分钟。大火烧开，转中火蒸制 15 分钟，关火后闷 5 分钟再出锅。

二狗妈妈碎碎念

1. 一次多做点红豆馅，用不完的可以冷冻保存。
2. 玫瑰酱、桂花酱非常提味儿，如果实在没有，可以不放。
3. 用来做花心的枸杞子可以换您喜欢的果干。

XIANROUSHUIJIANBAO

鲜肉水煎包

一盘水煎包，配上一锅粥，一家人的早饭就搞定了！

◎ 原料 YUANLIAO

馅：
猪肉馅 200 克
香葱 20 克
香油 5 克
蚝油 30 克
黄豆酱 15 克

面团：
水 85 克
酵母 2 克
中筋面粉 160 克

脆底面糊：
中筋面粉 8 克
水 100 克

二狗妈妈碎碎念

1. 因为加入了大量蚝油和黄豆酱，馅的咸味基本就够了，不用再放盐。
2. 加入面粉水后，一定要盖好锅盖，等水分基本干了再开锅盖。

◎ 做法 ZUOFA

1. 85 克水、2 克酵母搅拌均匀。

2. 加入 160 克中筋面粉，揉成面团，盖好，放温暖地方发酵约 60 分钟。

3. 取一个大碗，200 克猪肉馅、20 克香葱、5 克香油、30 克蚝油、15 克黄豆酱放入碗中，搅匀。

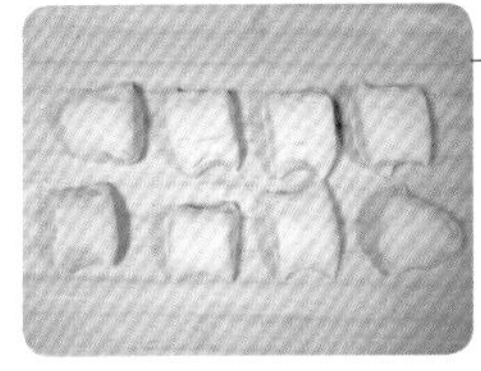

4. 案板上撒面粉，面团放案板上揉匀搓长，分成 8 份。

5. 擀成包子皮，放好馅。

6. 包成包子。

7. 平底锅倒入油，把包子码放进去。

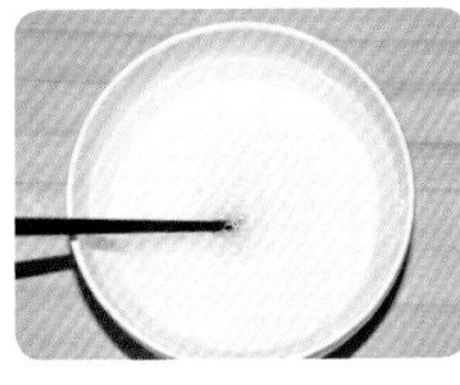

8. 另取一个小碗，8 克中筋面粉加 100 克水搅匀备用。

9. 平底锅放炉灶上大火烧热后转中小火，待包子底部变硬挺后，加入面粉水，立即盖好锅盖。

10. 一直到水分没有了就可以出锅了，出锅时一定要煎至底部都焦黄哟。

MEICAIKOUROUDABAOZI

梅菜扣肉大包子

整块的扣肉在口腔里漫延开来，不油不腻，满足感油然而生……

◎ 原料 YUANLIAO

梅菜扣肉：
猪五花肉 400 克
葱、姜、料酒、
花椒、大料少许
梅干菜 100 克
豆腐乳 60 克
老抽 20 克
生抽 10 克
冰糖 10 克
盐 3 克
十三香调料少许

面团：
水 220 克
酵母 4 克
中筋面粉 400 克

◎ 做法 ZUOFA

1. 400 克猪五花肉切大块，放入锅中，加冷水没过猪肉，加葱、姜、料酒、花椒、大料，煮 20 分钟。

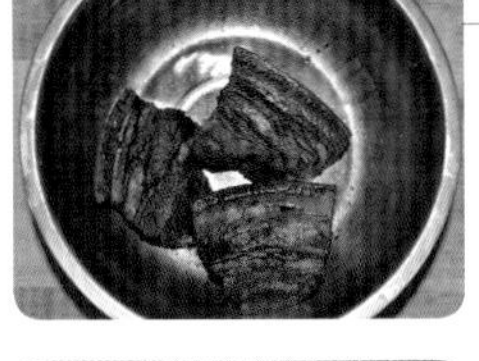

2. 煮好的肉捞出后沥干水分，加入 10 克老抽抹匀。

3. 放入锅中煎到金黄。

4. 切大片后码放在大碗中备用。

5. 另取一个小碗，60 克豆腐乳、10 克老抽、10 克生抽、10 克冰糖、3 克盐、少许十三香调料放入碗中。

6. 100 克梅干菜浸泡 1 小时后洗净攥干水分，炒锅放入油，放入梅干菜煸炒，加入碗中的调料，翻炒均匀后关火。

7. 把梅干菜倒入肉碗中，放入蒸锅，大火烧开后转中小火，蒸足 90 分钟后，放凉备用。

8. 220 克水、4 克酵母搅拌均匀，加入 400 克中筋面粉，揉成面团，盖好，放温暖地方发酵约 60 分钟。

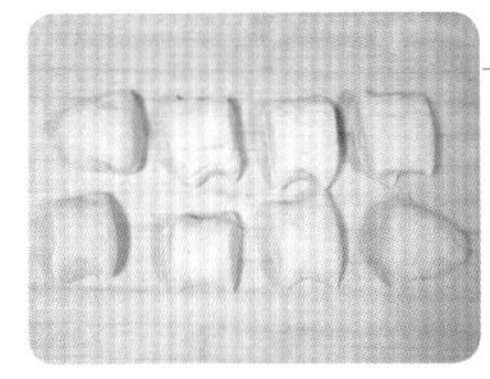

9. 案板上撒面粉，面团放案板上揉匀搓长，分成 8 份。

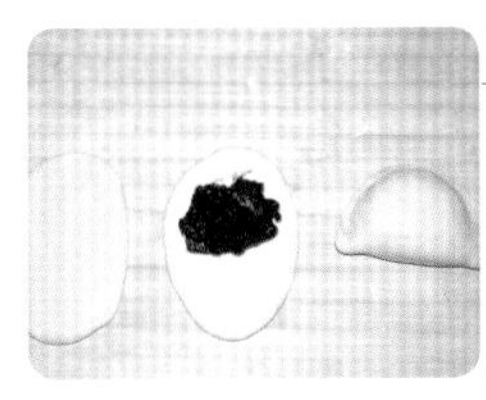

10. 把面团擀成椭圆形，在一侧放上两片扣肉和少许梅干菜，对折，捏紧收口。

11. 蒸锅放足冷水，蒸屉刷油，把包子码放在蒸屉上，盖好静置 15～20 分钟。大火烧开，转中火蒸制 12 分钟，关火后闷 3 分钟再出锅。

二狗妈妈碎碎念

1. 梅菜扣肉一定要蒸足 90 分钟，把肉蒸软烂才好吃哟。
2. 60 克豆腐乳是指一块腐乳加汤的重量。
3. 扣肉蒸好后会有少许汤汁，和肉拌匀后一并包进包子。

NANGUABAO

南瓜包

小巧可爱的南瓜，装满了香滑的南瓜馅，好吃又好看。

◎ 原料 YUANLIAO

面皮：
南瓜泥 100 克
水 50 克
酵母 3 克
中筋面粉 240 克

南瓜馅：
无盐黄油 30 克
蒸熟的南瓜泥
500 克
糖 40 克

二狗妈妈碎碎念

1. 面团不要擀太薄，以免系上绳子后会破。
2. 南瓜泥含水量不同，请根据自家南瓜泥调整面粉用量。
3. 用来造型的棉绳事先开水煮烫晾干后再用。
4. 出锅后可以用葡萄干或者棒棒饼干做南瓜蒂。

◎ 做法 ZUOFA

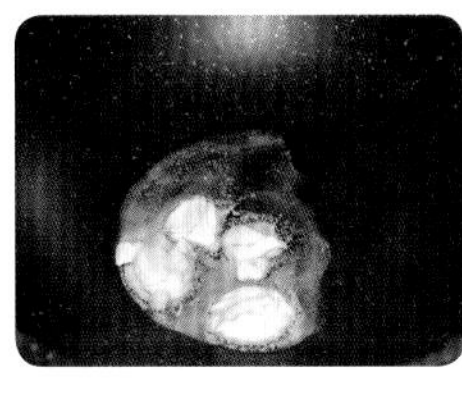

1. 30 克无盐黄油放入锅中。

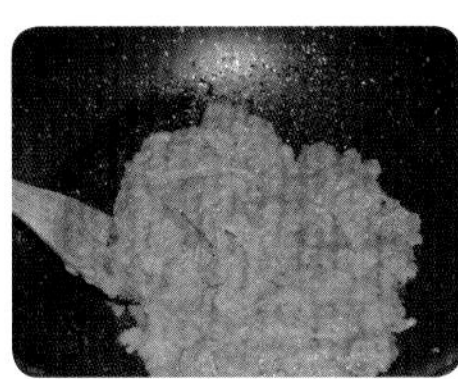

2. 加入 500 克蒸熟的南瓜泥、40 克糖。

3. 翻炒至南瓜黏稠，关火，放凉备用。

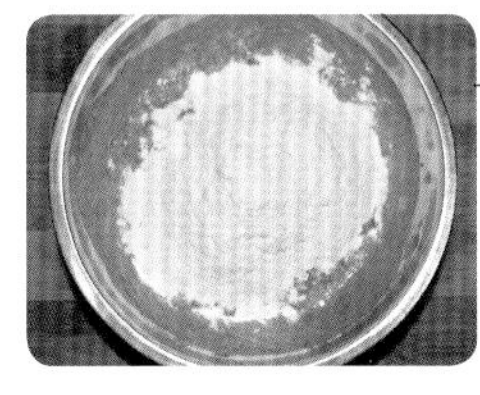

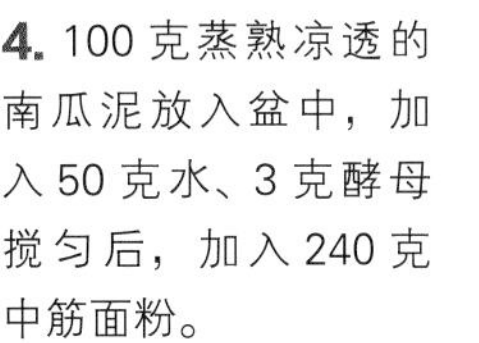

4. 100 克蒸熟凉透的南瓜泥放入盆中，加入 50 克水、3 克酵母搅匀后，加入 240 克中筋面粉。

5. 揉成面团，盖好，放温暖地方发酵 60 分钟。

6. 案板上撒面粉，把面团放案板上揉匀，平均分成 6 份。

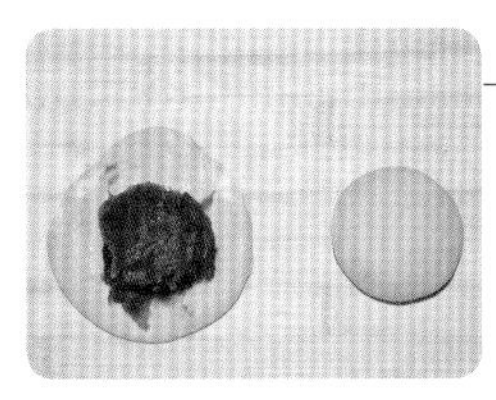

7. 稍擀后包入南瓜馅，捏紧收口，收口朝下。

8. 4 条棉绳抹油后摆成“米”字形。

9. 把包好的南瓜包放在中心位置，提起棉线，系好。

10. 蒸锅放足冷水，蒸屉刷油，把南瓜包码放在蒸屉上，盖好静置 15~20 分钟。大火烧开，转中火蒸制 13 分钟，关火后闷 5 分钟再出锅。出锅后把棉绳拆掉即可。

HULUOBOMIDOUBIANZIBAO

胡萝卜蜜豆辫子包

胡萝卜和蜜豆搭配在一起，有没有很新鲜呢？快尝尝看，很好吃的！

◎ 原料 YUANLIAO

胡萝卜糊：
胡萝卜 100 克
水 150 克

面团：
胡萝卜糊全部
糖 20 克
酵母 4 克
中筋面粉 400 克

配料：
蜜豆适量

二狗妈妈碎碎念

1. 蜜豆可以用您喜欢的果干替换。
2. 包蜜豆的时候，要尽可能包紧一些哟，编出的辫子才好看。

◎ 做法 ZUOFA

1. 100 克胡萝卜切块，加入 150 克水打成胡萝卜糊，全部倒入盆中。

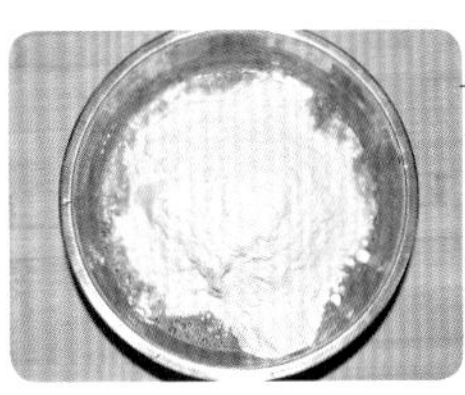

2. 加入 20 克糖、4 克酵母搅匀后，加入 400 克中筋面粉。

3. 揉成面团，盖好，放温暖地方发酵约 60 分钟。

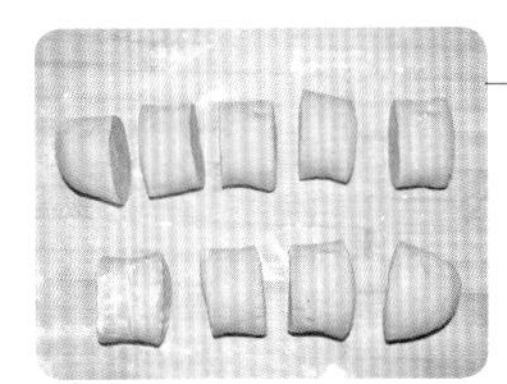

4. 案板上撒面粉，把面团放到案板上揉匀后分成 9 块。

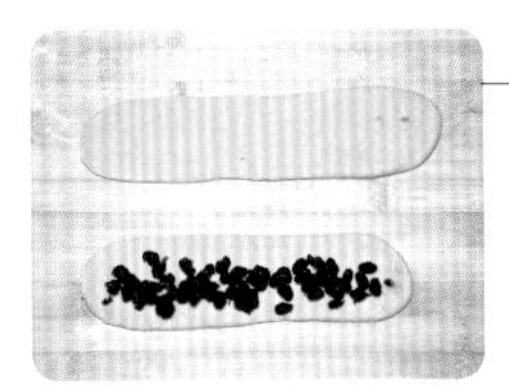

5. 把面团稍搓长，擀开，铺一层蜜豆。

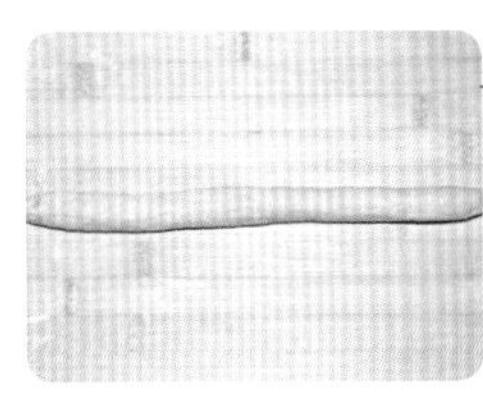

6. 卷起蜜豆，把收口捏紧。

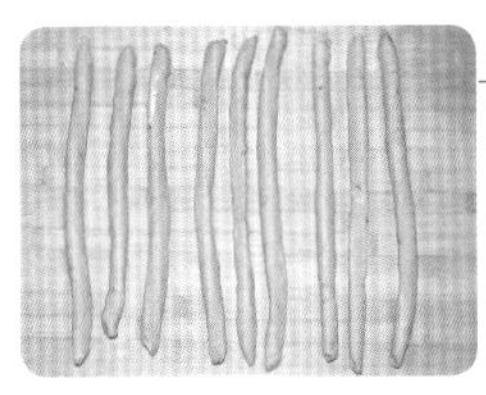

7. 依次全部做好 9 个。

8. 3 根一组，编成大辫子。

9. 蒸锅放足冷水，蒸屉刷油，把馒头码放在蒸屉上，盖好静置 15~20 分钟，大火烧开，转中火蒸制 15 分钟，关火后闷 5 分钟再出锅。

饺子、馄饨、锅贴

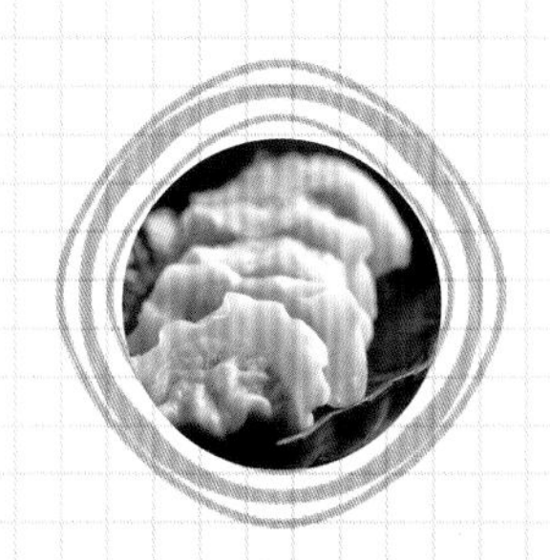
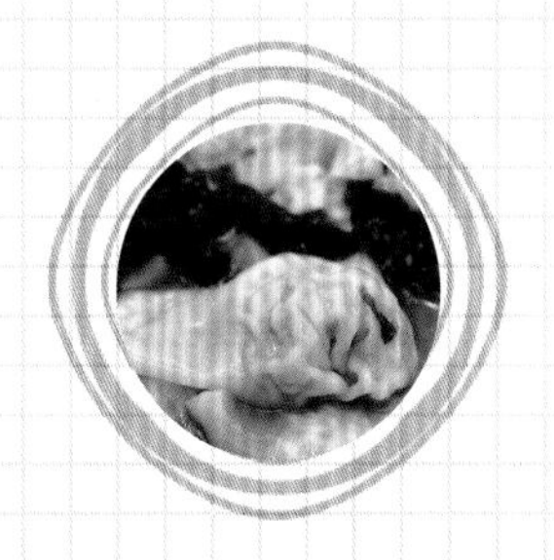
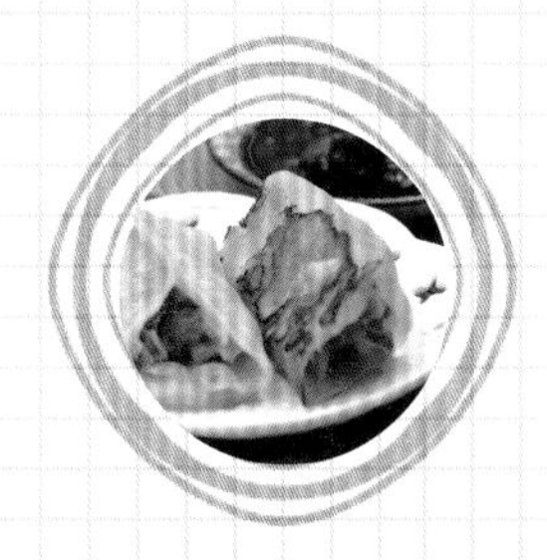

本章节收录了 7 款饺子、3 款馄饨、2 款锅贴，数量不算多，就想给您抛砖引玉，您可以看一下有的整形方法，您也可以看一下馅料制作方法，您可以把饺子变成锅贴，也可以把锅贴馅包进馄饨，中式面食就是这么有魔力，随您喜欢，它总会以最美姿态呈现在您的面前……

重点提一下，本章节里所有饺子、馄饨的包制均是先生所为，为啥？他嫌弃我包的不好看，会对不起大家……

XIHONGSHIJIDANJIAOZI

西红柿鸡蛋饺子

我和同事去吃饺子，无意中发现了这款，好喜欢，赶紧点了一份尝鲜，真的好吃，回家我就试着做，比外卖的好吃呢！

◎ 原料 YUANLIAO

饺子皮：
水 110 克
中筋面粉 200 克

饺子馅：
西红柿 350 克
鸡蛋 3 个
盐 6 克
糖 6 克

二狗妈妈碎碎念

1. 把西红柿汤炒在鸡蛋里，鸡蛋会很嫩哟。
2. 一定要快包快煮，不然很容易出汤。

◎ 做法 ZUOFA

1. 110 克水加 200 克中筋面粉放入盆中，用筷子搅拌均匀后揉成面团，盖好静置 30 分钟。

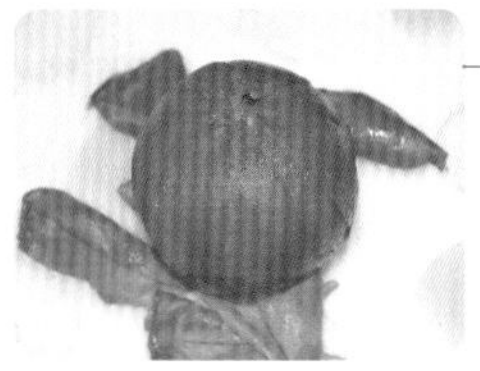

2. 1 个大西红柿（约 350 克），顶部划十字，开水烫几秒，去掉皮。

3. 切碎后攥去汤汁。

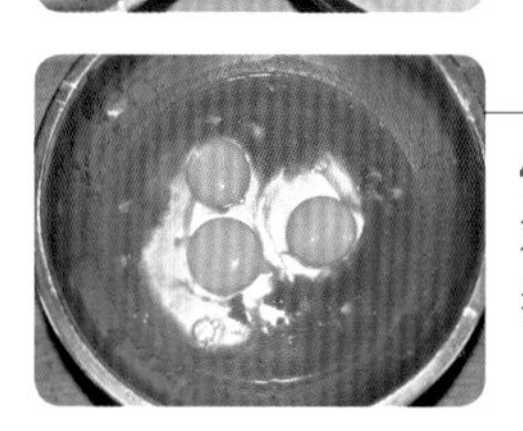

4. 汤汁盆中打入 3 个鸡蛋，加入 6 克盐，搅匀。

5. 把鸡蛋炒熟后凉透，加入西红柿碎。

6. 加入 6 克糖拌匀。

7. 案板上撒面粉，面团放案板上揉匀，搓长，切成小剂子（约 25 个）。

8. 擀成饺子皮，放馅儿，包成饺子。

9. 依次包好所有饺子。

10. 锅中放入足量的水，烧开后下入饺子，水再沸腾后，大火煮 2 分钟至饺子皮熟透就可以出锅啦。

BOCAIYUMIZHUROUJIAOZI

菠菜玉米猪肉饺子

碧绿的外衣，五彩的内馅，清爽不油腻的味道，很香哟……

◎ 原料 YUANLIAO

饺子皮：
菠菜 100 克
水 160 克
中筋面粉 300 克

饺子馅：
猪肉馅 250 克
熟玉米粒 160 克
青红椒粒 80 克
香油 10 克
生抽 10 克
蚝油 10 克
盐 4 克
十三香调料少许

◎ 做法 ZUOFA

1. 100 克菠菜焯水后加 160 克水打碎，取 180 克倒入盆中。

2. 加入 300 克中筋面粉。

3. 和成面团，揉匀，盖好静置 30 分钟。

4. 250 克猪肉馅、160 克熟玉米粒、80 克青红椒粒放入盆中。

5. 加入 10 克香油、10 克生抽、10 克蚝油、4 克盐、少许十三香调料。

6. 抓匀备用。

7. 案板上撒面粉，把面团放案板上搓长，切成小剂子。

8. 擀成饺子皮。

9. 放馅儿。

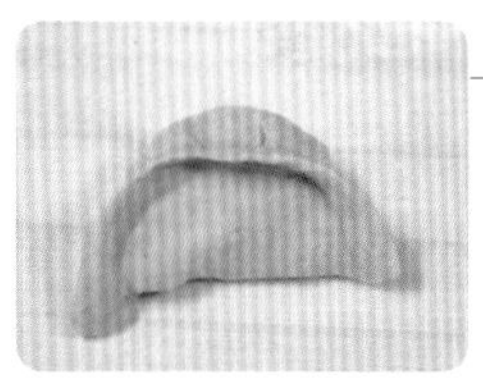

10. 包成饺子。

11. 依次包完所有饺子。

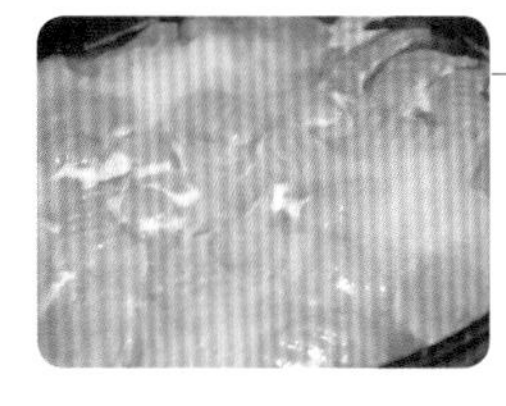

12. 锅中放入足量的水，烧开后下入饺子，水再沸腾后，大火煮 5 分钟至饺子熟透就可以出锅啦。

二狗妈妈碎碎念

1. 菠菜要焯水去草酸，焯好过凉后，把水分攥去再进行下一步。
2. 玉米粒也可以用生的。

SANXIANJIAOZI

三鲜饺子

吃饺子的时候再配点醋和蒜，家常却美味。

◎ 原料 YUANLIAO

饺子皮：
水 160 克
盐 2 克
中筋面粉 300 克

饺子馅：
猪肉馅 260 克
韭菜 150 克
虾肉 130 克
香油 15 克
蚝油 40 克
盐 5 克
十三香调料少许
胡椒粉少许

二狗妈妈碎碎念

1. 虾肉切小粒更有口感。
2. 煮饺子的方法有许多种，可根据自己的喜好选择。

◎ 做法 ZUOFA

1. 160 克水、2 克盐搅匀后加入 300 克中筋面粉。

2. 用筷子搅拌均匀后揉成面团，盖好静置 30 分钟。

3. 260 克猪肉馅，150 克韭菜切末，130 克虾肉切粒。

4. 把韭菜、猪肉馅、虾粒都放到盆中，加入 40 克蚝油、15 克香油、5 克盐、少许十三香调料和少许胡椒粉。

5. 搅拌均匀。

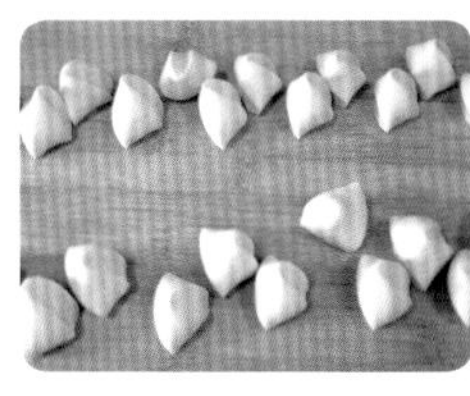

6. 案板上撒面粉，面团放案板上揉匀，搓长，切成小剂子（约 34 个）。

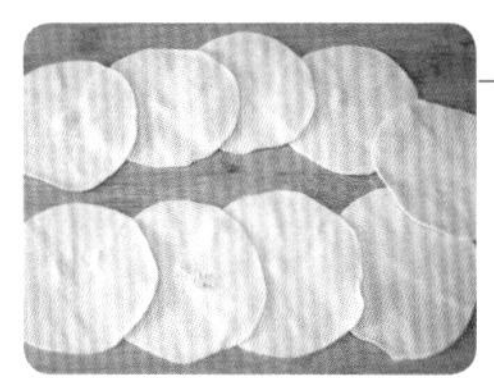

7. 按扁后擀成饺子皮。

8. 取饺子皮包入饺子馅。

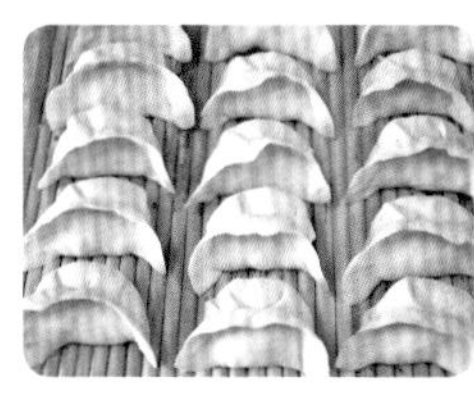

9. 全部包好。

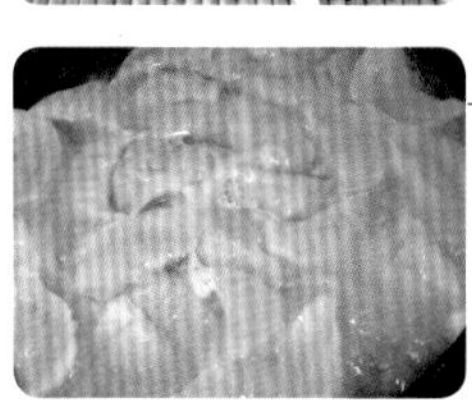

10. 锅中放入足量的水，烧开后下入饺子，水再沸腾后，大火煮 5 分钟至饺子熟透就可以出锅啦。

HULUOBOYANGROUJIAOZI

胡萝卜羊肉饺子

胡萝卜和羊肉是黄金搭档，不仅去除了羊肉的膻味，而且还有微甜的口感，大大增加了饺子的鲜味儿。

◎ 原料 YUANLIAO

饺子皮：
胡萝卜 100 克
水 150 克
中筋面粉 350 克

饺子馅：
羊肉馅 300 克
花椒水 40 克
蚝油 20 克
香油 10 克
花椒油 5 克
白芷粉少许
胡萝卜丝 300 克
植物油 10 克
盐 7 克

◎ 做法 ZUOFA

1. 100 克胡萝卜加 150 克水打碎，取 220 克放入盆中。

2. 加入 350 克中筋面粉。

3. 和成面团，揉匀，盖好醒 30 分钟。

4. 300 克羊肉馅放入盆中，加入 40 克花椒水、20 克蚝油、10 克香油、5 克花椒油、少许白芷粉。

5. 顺时针搅拌打上劲儿。

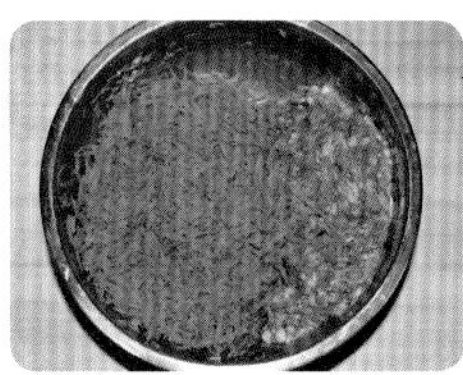

6. 加入 300 克胡萝卜丝。

7. 加入 10 克植物油、7 克盐搅匀备用。

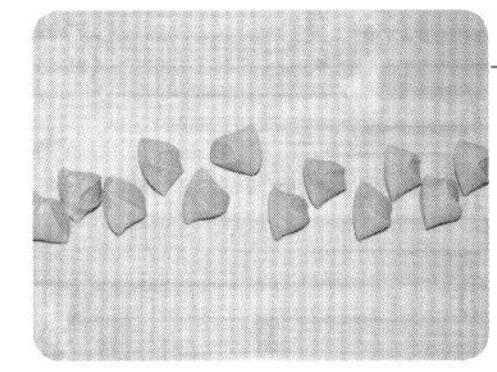

8. 案板上撒面粉，把面团放案板上揉匀后搓长，切成小剂子。

9. 擀成饺子皮后放入饺子馅。

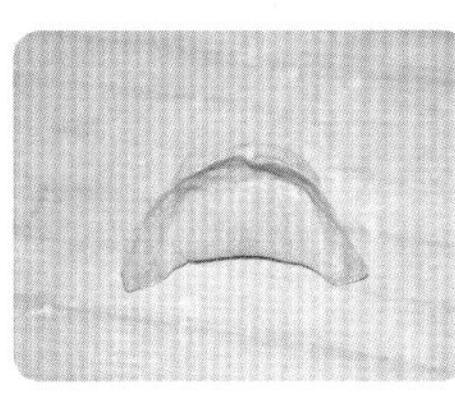

10. 捏成饺子。

11. 依次包好所有饺子。

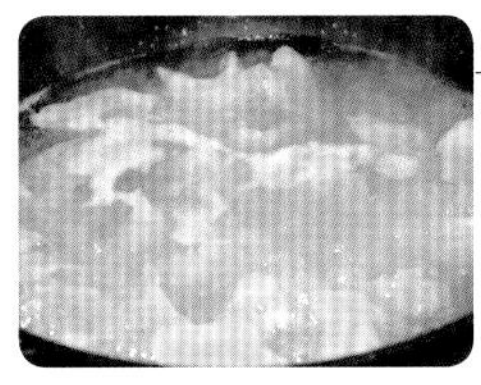

12. 锅中放入足量的水，烧开后下入饺子，水再沸腾后，大火煮 5 分钟至饺子熟透就可以出锅啦。

二狗妈妈碎碎念

1. 花椒水就是开水把花椒泡好，凉透备用。
2. 羊肉馅最好用羊腿肉绞馅。
3. 白芷粉如果没有，可以不放。

XIANROUJIANJIAO

鲜肉煎饺

煎饺，我最喜欢吃焦脆的底儿……

◎ 原料 YUANLIAO

饺子皮：
水 85 克
中筋面粉 160 克

香油 5 克
蚝油 30 克
黄豆酱 15 克

饺子馅：
猪肉馅 200 克
香葱 20 克

脆底面糊：
中筋面粉 8 克
水 100 克

二狗妈妈碎碎念

1. 馅中咸度已经够了，不用再放盐了。
2. 煎饺子的时候全程都要盖好锅盖，尤其是放入面粉水后，要看到水蒸气变小再开盖哟。

◎ 做法 ZUOFA

1. 85 克水加入 160 克中筋面粉。

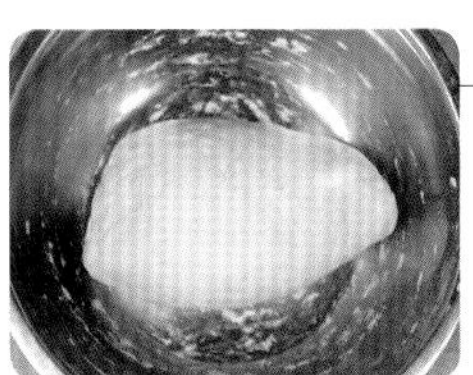

2. 用筷子搅拌均匀后揉成面团，盖好静置 30 分钟。

3. 取一个大碗，200 克猪肉馅、20 克香葱、5 克香油、30 克蚝油、15 克黄豆酱放入碗中，搅匀。

4. 案板上撒面粉，把面团放案板上揉匀，搓长，切成小剂子（约 15 个）。

5. 擀成饺子皮，放馅。

6. 包成您喜欢的样子。

7. 平底锅倒入油，把饺子码放进去。

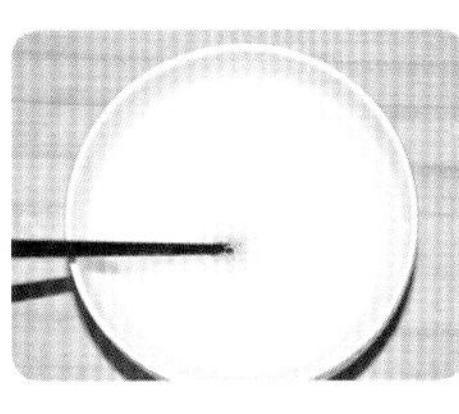

8. 另取一个小碗，8 克中筋面粉加 100 克水搅匀备用。

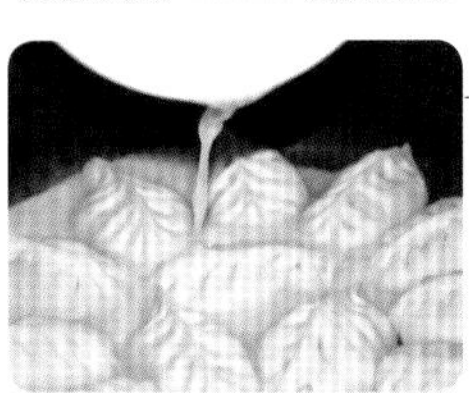

9. 平底锅放炉灶上大火烧热后转中小火，待饺子底部变硬挺后，加入面粉水，立即盖好锅盖，一直到水分没有了就可以出锅。

JIANJIAOXIANGGUJIDANZHENGJIAO

尖椒香菇鸡蛋蒸饺

尖椒、香菇、鸡蛋，加上虾皮，鲜上加鲜，非常好吃……

◎ 原料 YUANLIAO

饺子皮：
中筋面粉 200 克
开水 120 克

饺子馅：
鸡蛋 3 个
鲜香菇 100 克
尖椒碎 150 克
虾皮 10 克
香油 15 克
盐 3 克
十三香调料少许

二狗妈妈碎碎念

1. 鸡蛋炒的时候要不停搅拌，这样就能炒出鸡蛋碎啦。要凉透后再和其他料拌匀。
2. 因为皮是烫面的，馅也非常容易成熟，蒸的时间一定不要过长。

◎ 做法 ZUOFA

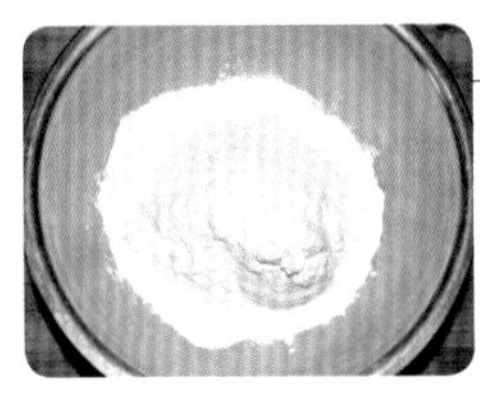

1. 200 克中筋面粉倒入盆中。

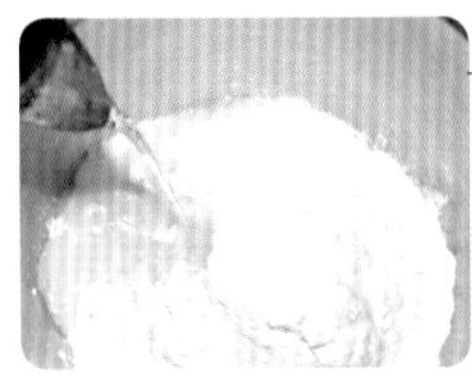

2. 加入 120 克开水迅速搅匀。

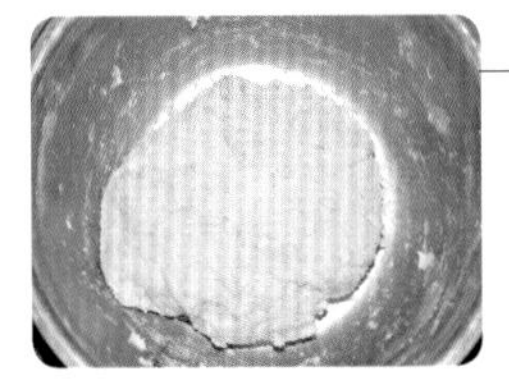

3. 和成面团，盖好醒 30 分钟。

4. 3 个鸡蛋炒熟放凉，加入 100 克鲜香菇碎、150 克尖椒碎、10 克虾皮。

5. 加入 15 克香油、3 克盐和少许十三香调料，拌匀。

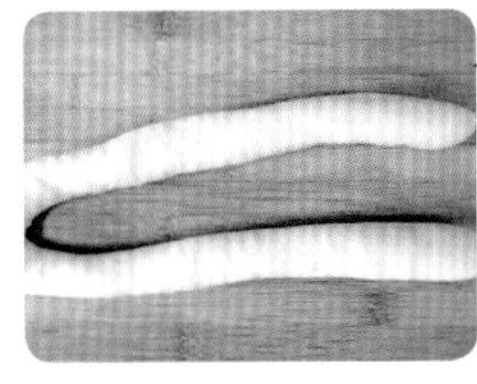

6. 案板上撒面粉，把面团放案板上揉匀，搓长。

7. 切成小剂子（约 20 个）。

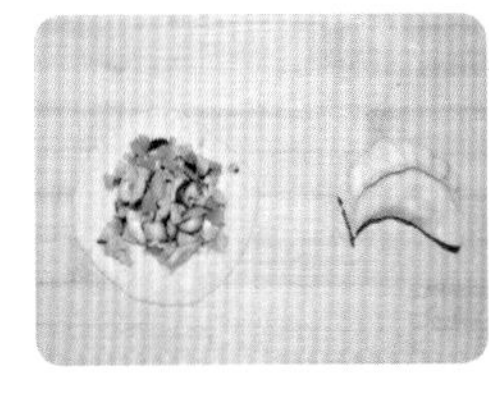

8. 擀成皮，放馅，包起来。

9. 竹屉垫油纸，把饺子码放进去。

10. 蒸锅放足冷水，把竹屉放进蒸锅，大火烧开，转中火蒸制 8 分钟。

MEIGUIHULUOBOZHUROUZHENGJIAO

玫瑰胡萝卜猪肉蒸饺

七夕那天，我没有礼物送他，
就做了这款玫瑰花饺子……

◎ 原料 YUANLIAO

市售的饺子皮 250 克
胡萝卜 80 克
猪肉馅 80 克
黄豆酱 15 克
蚝油 5 克
香油 5 克
盐 2 克

二狗妈妈碎碎念

1. 买来的饺子皮一定要用水才能黏合，如果用自己做的饺子皮可参考P177饺子皮做法。
2. 想要玫瑰花小一点的就用 3 张饺子皮。
3. 馅料一定不能放太多，不好包也不好看。

◎ 做法 ZUOFA

1. 80 克胡萝卜擦丝放入盆中，加入 80 克猪肉馅、15 克黄豆酱、5 克蚝油、5 克香油、2 克盐。

2. 搅匀。

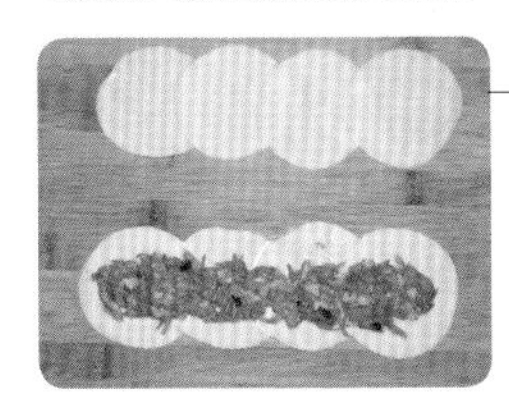

3. 买来的饺子皮 4 个一组，一个压一个地放好，接口的地方要抹水，中间放胡萝卜猪肉馅。

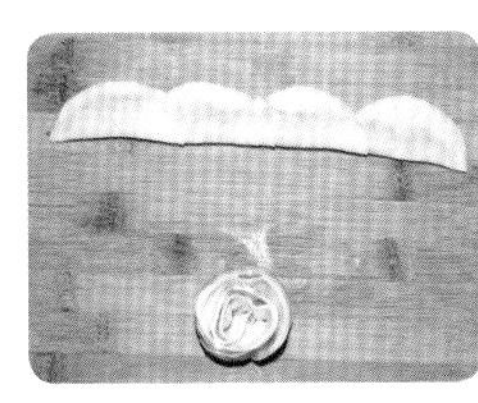

4. 在饺子皮上抹水后，自下而上折起来，再自左向右卷起来。

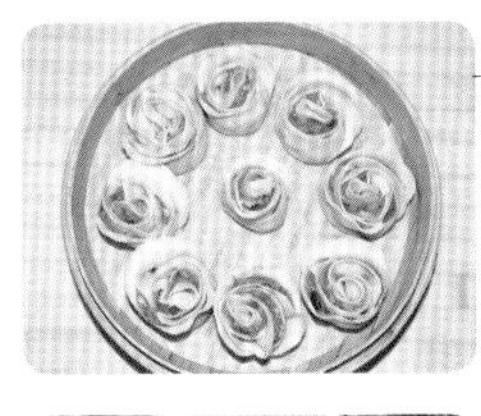

5. 竹屉铺油纸，把玫瑰饺子码好。

6. 蒸锅放足冷水，把竹屉放进蒸锅，大火烧开，转中火蒸制 12 分钟，关火后闷 2 分钟再出锅。

XIANROUHUNTUN

鲜肉馄饨

这张照片中的馄饨是先生包的，我特意选用了这张照片，是想炫耀一下先生的手艺！不得不说，我家先生包的比我包的好看多了！

◎ 原料 YUANLIAO

馄饨皮：
鸡蛋 1 个
水 50 克
盐 2 克
中筋面粉 200 克

馄饨馅：
猪肉馅 200 克
香葱 20 克
香油 5 克
蚝油 30 克

二狗妈妈碎碎念

1. 因为有蚝油，馅的咸度已经够了，不用再加盐啦。
2. 对于家常的馄饨来说，包的手法不是很重要，只要包住就行啦。
3. 把三四张长条摞一起再擀擀，是想让皮儿更薄一些。

◎ 做法 ZUOFA

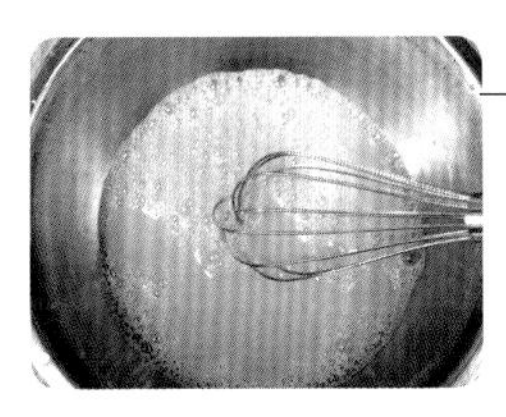

1. 1 个鸡蛋、50 克水、2 克盐放入盆中搅匀。

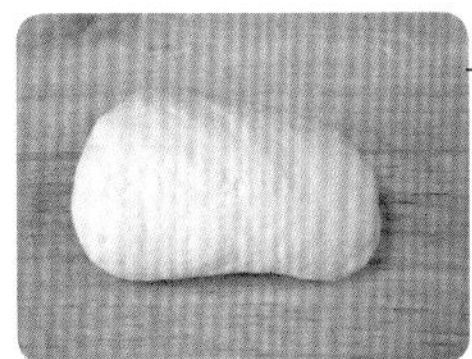

2. 加入 200 克中筋面粉揉成面团，盖好静置 30 分钟。

3. 取一个大碗，200 克猪肉馅、20 克香葱、5 克香油、30 克蚝油放入碗中，搅匀。

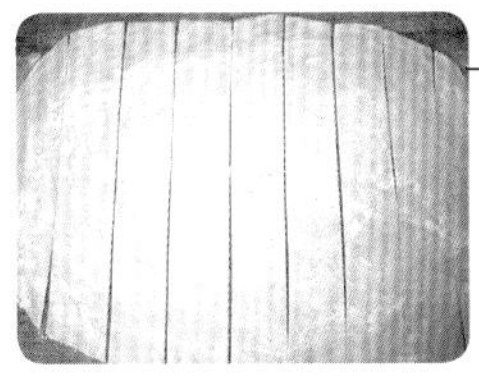

4. 案板上撒淀粉，把面团擀成大薄片，再撒淀粉防粘，切成宽约 4 厘米的长条。

5. 三四个长条叠放在一起，再用擀面杖擀薄。

6. 切成梯状。

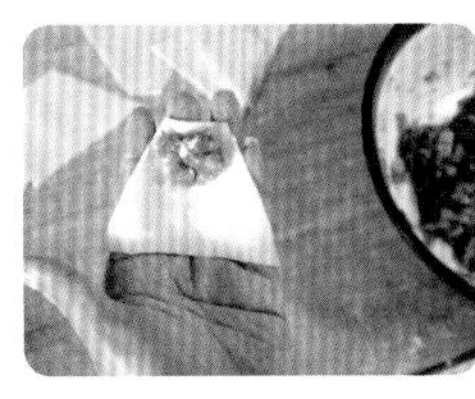

7. 取一块面皮，窄头朝上，在窄头放一点肉馅。

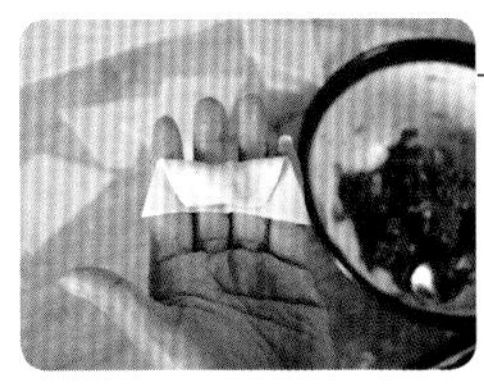

8. 自上向下折两折。

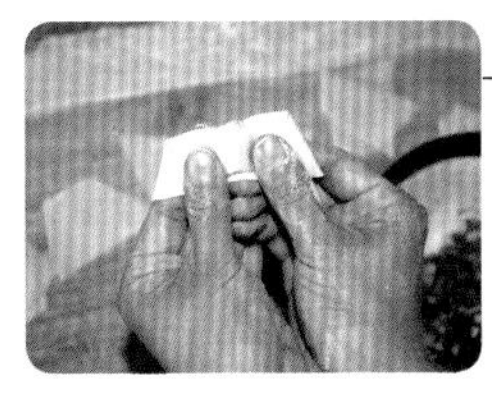

9. 双手捏紧两端。

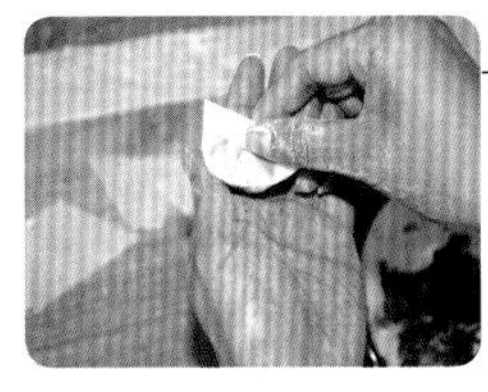

10. 向上对折，捏紧收口，一个馄饨就包好了。

11. 碗中放生抽、香葱碎、蛋皮、虾皮、紫菜，把煮熟的馄饨盛入碗中，就可以吃啦。

YOUCAIJIROUXIAROUHUNTUN

油菜鸡肉虾肉馄饨

淡淡的绿色，淡淡的油菜香，加上滑滑的馅，一不小心就吃了一大碗……

◎ 原料 YUANLIAO

馄饨皮：
油菜 100 克
水 100 克
盐 3 克
中筋面粉 260 克

馄饨馅：
虾肉 130 克
鸡肉 170 克
鸡蛋 2 个
蚝油 20 克
香油 10 克
香葱碎 5 克
胡椒粉少许

◎ 做法 ZUOFA

1. 100 克油菜加 100 克水用料理机打碎，取 150 克油菜糊放入盆中。

2. 加入 3 克盐、260 克中筋面粉。

3. 揉成面团，盖好醒 30 分钟。

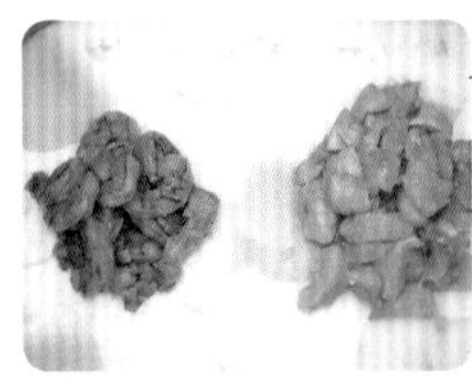

4. 130 克虾肉、170 克鸡肉切小丁后，放入料理机打碎。

5. 把虾肉、鸡肉泥放入盆中，加入 2 个鸡蛋、少许胡椒粉、20 克蚝油、10 克香油、5 克香葱碎。

6. 顺时针搅打上劲。

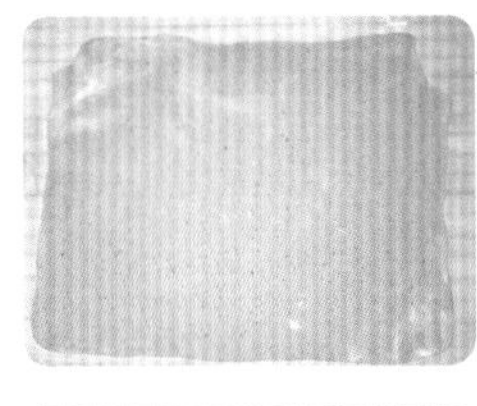

7. 案板撒面粉，把油菜面团放案板上揉匀后擀开擀薄。

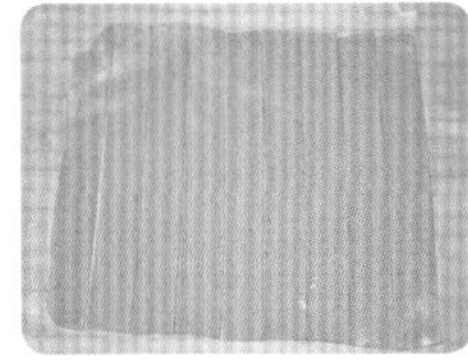

8. 切成 4 厘米左右的宽条。

9. 3 条摞一起，再擀擀。

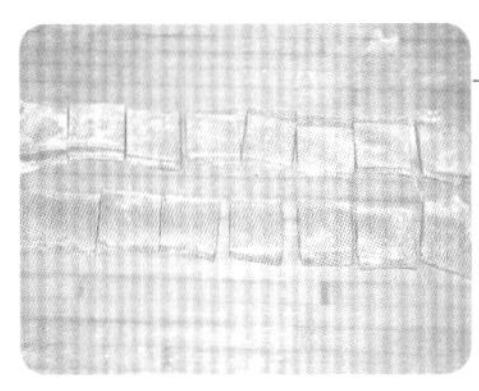

10. 切成正方形面片后，再擀擀。

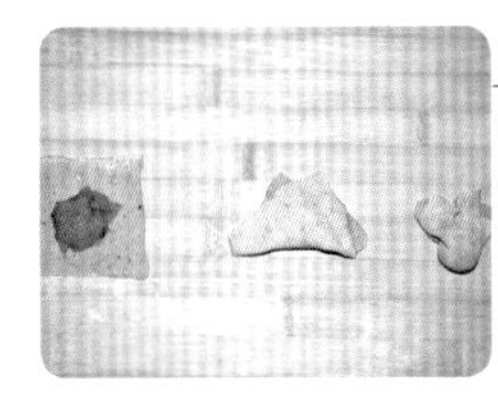

11. 取面片，放一点馅，对折后，随便捏合起来就行啦。

12. 全部包好后，煮熟，放入您喜欢的配菜就可以啦（一次吃不完的可以冷冻起来）。

二狗妈妈碎碎念

1. 馅料全部加好后，一定要沿着一个方向使劲搅拌，一直要搅拌到上劲儿。
2. 怎么包无所谓，只要包住就行啦。
3. 不想做馄饨皮，那就买大概 300 克馄饨皮就够用啦。

DOUFUHUNTUN

豆腐馄饨

豆腐馄饨，您吃过吗？榨菜末和胡萝卜和在一起，不仅提升了口感，煮好后还透着浅浅的红色，非常好看呢……

◎ 原料 YUANLIAO

市售馄饨皮 230 克
北豆腐 390 克
胡萝卜 30 克
榨菜碎 50 克
香油 15 克
盐 4 克
糖 3 克
十三香调料少许

◎ 做法 ZUOFA

1. 390 克北豆腐用重物压 20 分钟，把水分压出去。

2. 压水后的豆腐放入盆中捏碎，加入 30 克胡萝卜丝、50 克榨菜碎。

3. 加入 15 克香油、4 克盐、3 克糖、少许十三香拌匀。

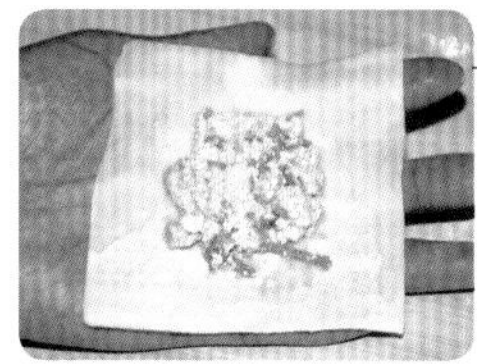

4. 买来的馄饨皮抹水，放馅。

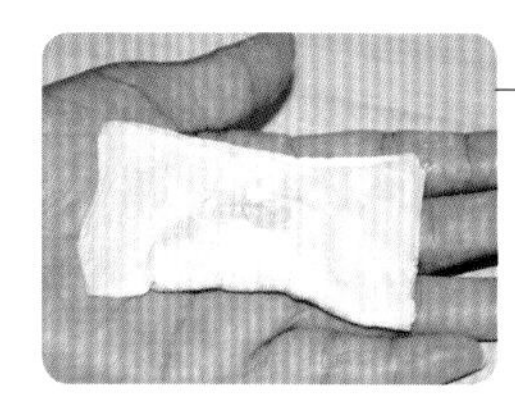

5. 对折，捏紧收口。

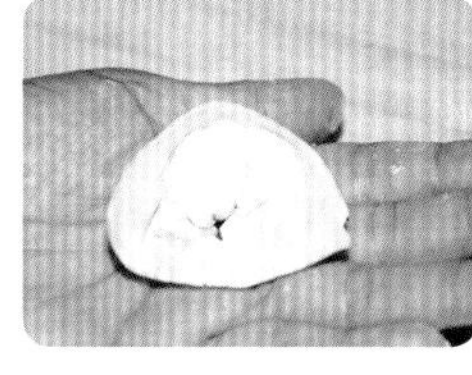

6. 再把下角抹水后，对折，捏紧。

7. 依次包好所有馄饨。

8. 开水下锅，下入馄饨，再次开锅后，煮约 1 分钟就可以出锅了，加入自己喜欢的配料。

二狗妈妈碎碎念

1. 买的馄饨皮一定要用水才可以黏合住，如果用自制馄饨皮可参考 P189。
2. 豆腐压出水才能更黏稠。
3. 这款馄饨非常容易熟，不要煮时间太长哟。

YUANBAICAIZHUROUGUOTIE

圆白菜猪肉锅贴

锅贴是我来北京才见到的吃食，饺子不封口，这就是我对锅贴的准确定义。第一次吃，我问先生：你们北京人怎么不把饺子包完整呀？然后就得到了先生鄙夷的眼神儿……

◎ 原料 YUANLIAO

锅贴皮：
水 85 克
中筋面粉 160 克

饺子馅：
圆白菜 140 克
猪肉馅 160 克
香油 10 克
黄豆酱 30 克
盐 4 克
十三香调料少许

二狗妈妈碎碎念

1. 烙锅贴的时候，一定要盖好锅盖，尤其是加入冷水后，要等水蒸气变少再打开锅盖哟。
2. 火力不要太大，否则容易煳锅。
3. 圆白菜可以用您喜欢的蔬菜替换。

◎ 做法 ZUOFA

1. 85 克水加入 160 克中筋面粉。

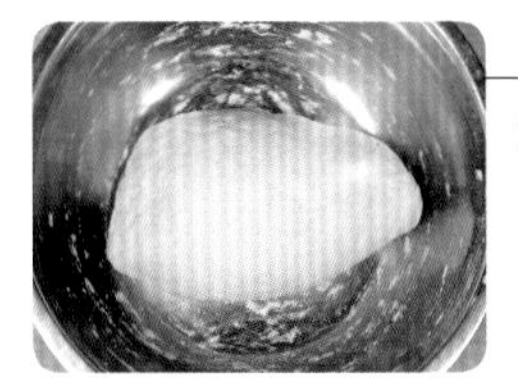

2. 揉成面团，盖好，静置 30 分钟。

3. 140 克圆白菜（切碎）、160 克猪肉馅放入盆中。

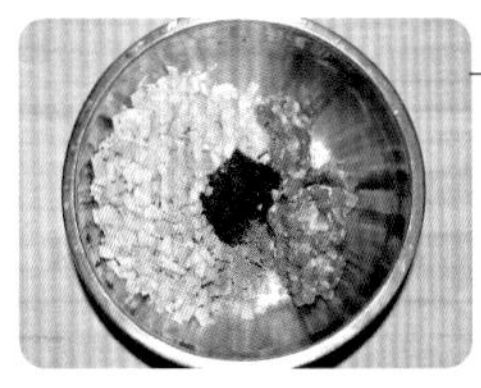

4. 加入 10 克香油、30 克黄豆酱、4 克盐、少许十三香调料。

5. 拌匀备用。

6. 案板上撒面粉，面团放案板上揉匀，搓长，切成小剂子（约 15 个）。

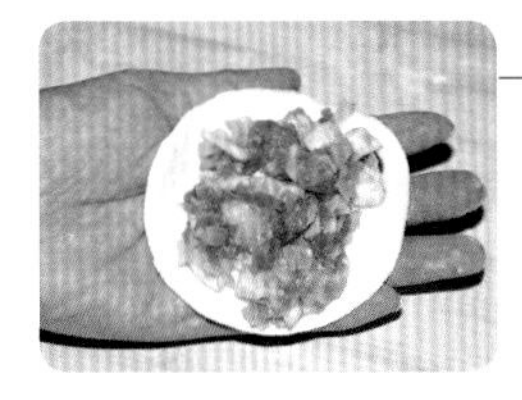

7. 擀成饺子皮，放馅儿。

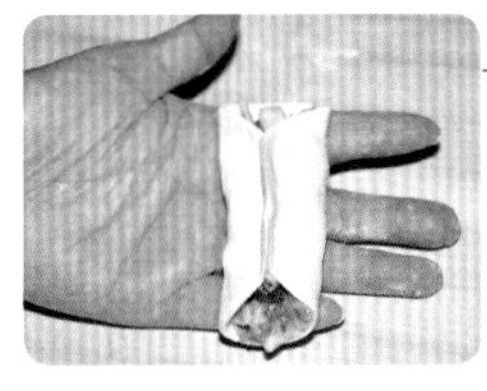

8. 中间对折捏紧就行了（两端就是不封口哟）。

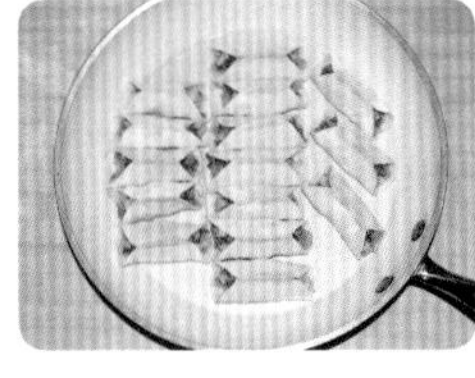

9. 平底锅倒入油，把锅贴码放进去。

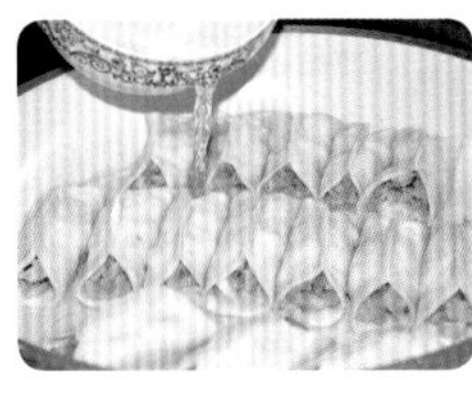

10. 平底锅放炉灶上大火烧热后转中小火，待锅贴底部变硬挺后，加入 100 克冷水，立即盖好锅盖，一直到水分没有了就可以出锅了。

虾的尾巴俏皮地翘着，在挑衅吗？看我一会儿就把你吃掉……
TANGMIANXIANXIAZHUROUGUOTIE
烫面鲜虾猪肉锅贴

◎ 原料 YUANLIAO

锅贴皮：
中筋面粉 160 克
开水 100 克

锅贴馅：
鲜虾 10 只
10 克料酒
胡椒粉少许
猪肉馅 200 克
香葱 20 克
香油 5 克
蚝油 30 克

◎ 做法 ZUOFA

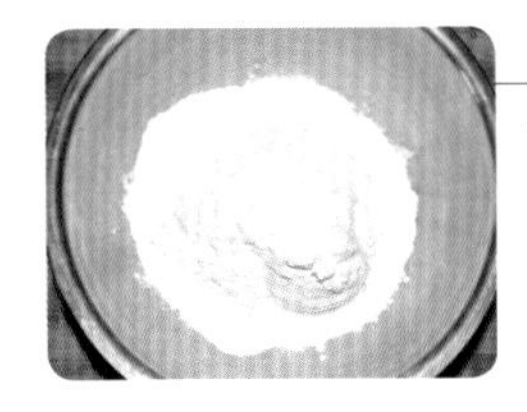

1. 160 克中筋面粉倒入盆中。

2. 100 克开水倒入盆中。

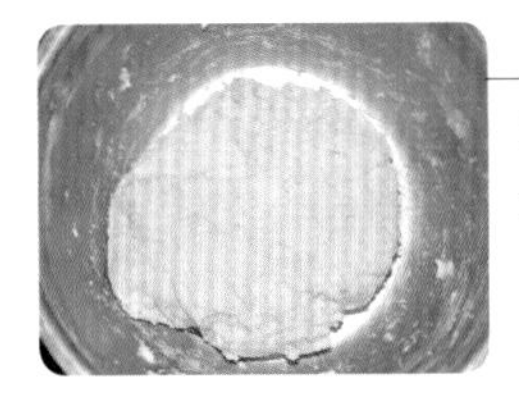

3. 和成面团，盖好静置 30 分钟。

4. 10 只鲜虾去头、挑虾线、剥壳，虾尾最后那节壳不剥。

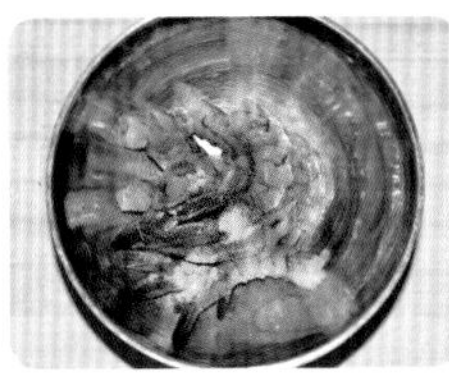

5. 把虾肉放碗中加 10 克料酒、少许胡椒粉抓匀，腌制 10 分钟。

6. 另取一个大碗，200 克猪肉馅、20 克香葱、5 克香油、30 克蚝油放入碗中，搅匀。

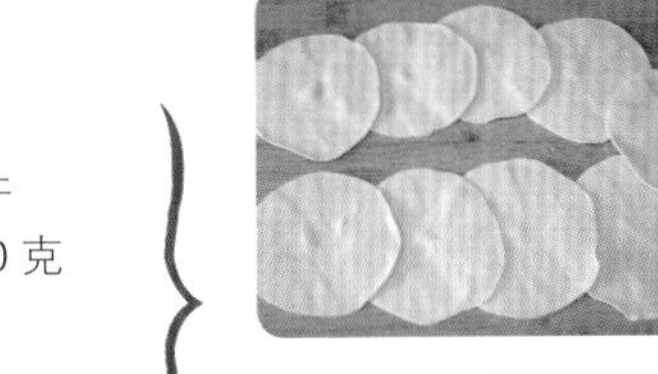

7. 案板上撒面粉，把面团放案板上揉匀搓长，切成小剂子后擀成饺子皮（10 个）。

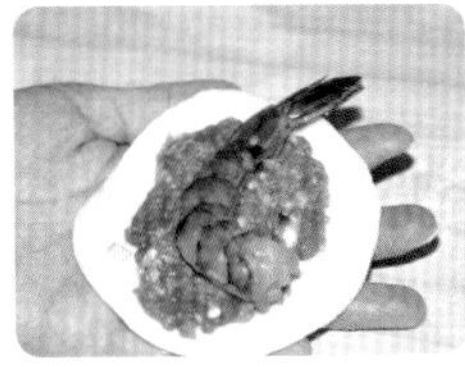

8. 先放猪肉馅，再放一只虾。

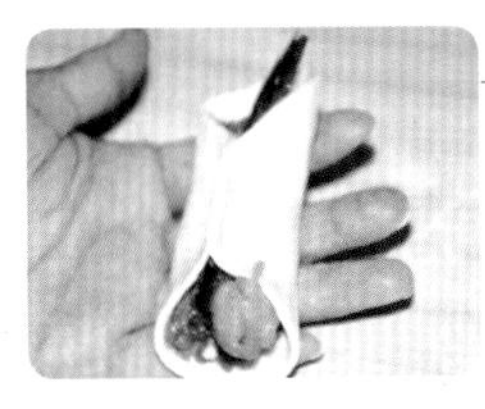

9. 对折，中间捏紧就可以了。

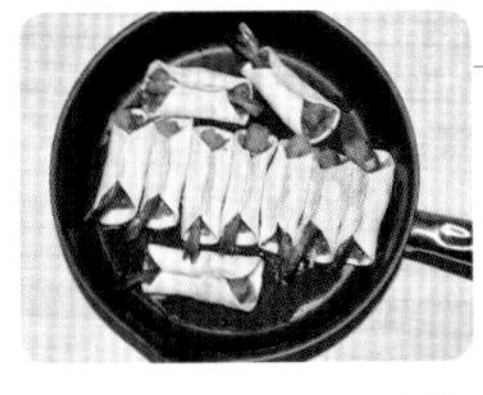

10. 平底锅倒入油，把锅贴码放进去。

11. 平底锅放炉灶上大火烧热后转中小火，待锅贴底部变硬挺后，加入 100 克冷水，立即盖好锅盖，一直到水分没有了就可以出锅了。

二狗妈妈碎碎念

1. 虾的个头中等大小，不要太大，否则会包不下。
2. 烙锅贴的时候，一定要盖好锅盖，尤其是加入冷水后，要等水蒸气变少再打开锅盖哟。
3. 火力不要太大，否则容易煳锅。

CHAPTER

6

发糕

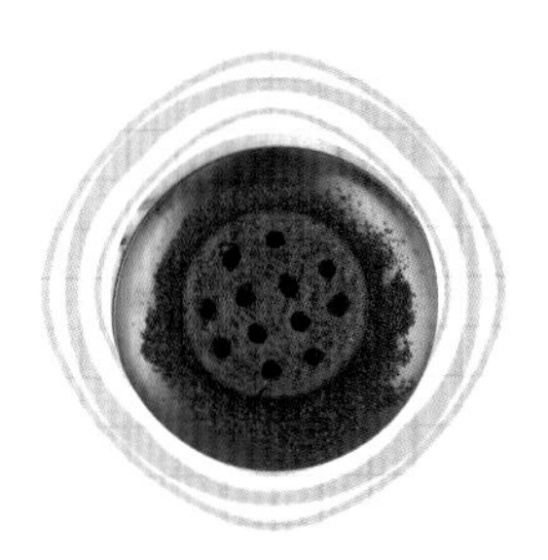

发糕，我认为就是比馒头松软很多像蛋糕一样的食物。有没有觉得我这个解释相当没有水平？哈哈，不重要哈，重要的是您如果喜欢吃发糕，那本章节的内容您一定会喜欢。

本章节里您会发现，所有发糕的面团都用面包机代替了双手，为啥呢？因为发糕的含水量非常大，用手去揉，会黏得让人发疯哟。所以呢，咱用面包机解决这个问题，那问题来了，您会说，我家没有面包机咋办呢？不怕不怕，您找个硅胶铲，全程用铲子搅拌，搅到非常均匀就可以啦。本章节共收录了 7 款发糕，每一款都松软可口，喜欢发糕的您进来看看吧！

HONGTANGHONGZAOFAGAO

红糖红枣发糕

红糖和红枣，完美的伴侣，也是我们女生那几天需要的好东西……

◎ 原料 YUANLIAO

红糖 60 克
开水 100 克
红枣碎 130 克
冷水 200 克
耐高糖酵母 4 克
中筋面粉 380 克

模具：
8 寸不粘蛋糕模具

二狗妈妈碎碎念

1. 如果没有面包机，需要用手揉面的话，请做好思想准备，会非常黏。
2. 没有蛋糕模具，用玻璃保鲜盒抹油也可以的。
3. 因为含糖量高，本章节发糕用的都是耐高糖酵母。

◎ 做法 ZUOFA

1. 60 克红糖用 100 克开水溶化，剪出 100 克红枣碎，把这两样全部放入料理机，再加入 200 克冷水打碎。

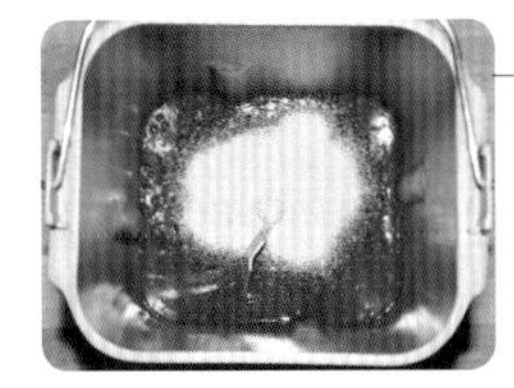

2. 把红糖红枣糊倒入面包机，加入 4 克耐高糖酵母。

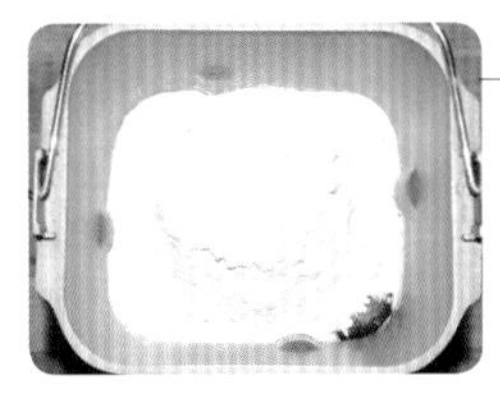

3. 再加入 380 克中筋面粉。

4. 和面 10 分钟后加入 30 克红枣碎。

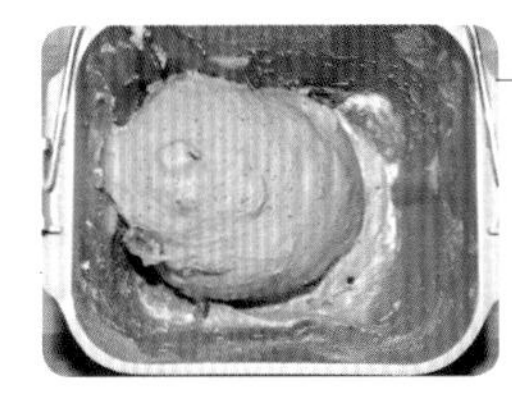

5. 再揉 2 分钟后就可以了。

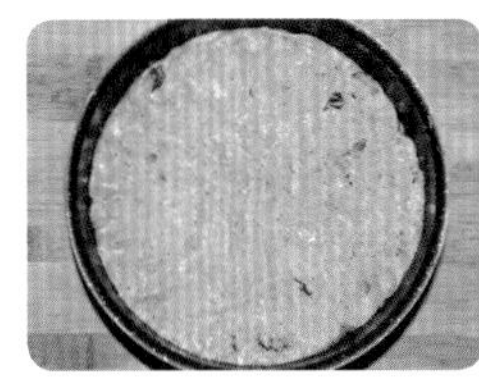

6. 手蘸水，把面团放进 8 寸不粘蛋糕模具中（如果是普通模具，要提前刷油）。

7. 盖好，发酵至体积增大约 1 倍（模具 9 分满）。

8. 蒸锅放足冷水，把发糕放在蒸屉上，大火烧开，转中火 30 分钟，关火闷 5 分钟出锅。

紫薯发糕

不仅好看，而且好吃，超级松软哦！

◎ 原料 YUANLIAO

熟紫薯 200 克
水 300 克
糖 40 克
耐高糖酵母 4 克
中筋面粉 360 克
葡萄干、蔓越莓干少许

模具：
8 寸方形不粘蛋糕模具

二狗妈妈碎碎念

1. 表面装饰的果干可根据自己的喜好调整。
2. 如果喜欢吃口感稍韧一些的发糕，可以把中筋面粉换成高筋面粉。

◎ 做法 ZUOFA

1. 200 克熟紫薯加 300 克水用料理机打成糊，取 400 克紫薯糊倒入面包机内桶。

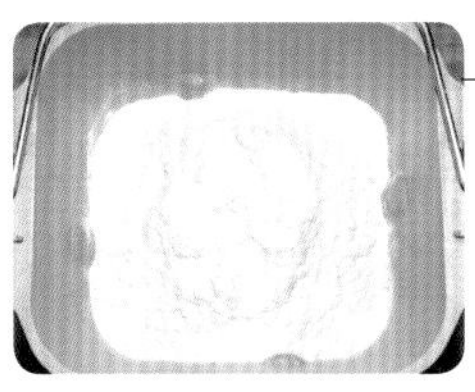

2. 加入 40 克糖、4 克耐高糖酵母、360 克中筋面粉。

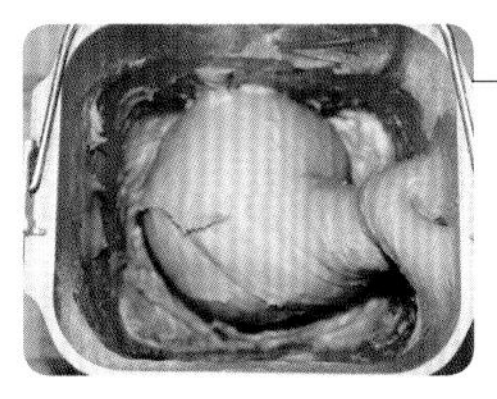

3. 揉面 10 分钟就可以了。

4. 手蘸水，把面团放进 8 寸方形不粘蛋糕模具中（如果是普通模具，要提前刷油）。

5. 表面撒葡萄干和蔓越莓干。

6. 盖好，发酵至体积增大约 1 倍。

7. 蒸锅放足冷水，把发糕放在蒸屉上，大火烧开，转中火 30 分钟，关火闷 5 分钟出锅。

NANGUAHONGZAOFAGAO

南瓜红枣发糕

我们是一款有颜值的发糕，大红和金黄，看起来就格外喜气，再加上南瓜的甜搭配红枣的蜜，软软的口感，吃一口，嗯……好温暖……

◎ 原料 YUANLIAO

南瓜泥 350 克
糖 40 克
耐高糖酵母 4 克
中筋面粉 350 克
大枣 8 颗

模具：
8 寸不粘蛋糕模具

二狗妈妈碎碎念

1. 南瓜泥含水量不同，请根据自家南瓜泥调整面粉用量。
2. 不喜欢大枣，表面不装饰或者放您喜欢的任何果干都可以。

◎ 做法 ZUOFA

1. 350 克蒸熟凉透的南瓜泥、40 克糖、4 克耐高糖酵母放入面包机内桶。

2. 加入 350 克中筋面粉。

3. 放入面包机，启动和面程序，和面 10 分钟就可以了。

4. 手上蘸水，把面团放进 8 寸不粘蛋糕模具中（如果是普通模具，提前刷油）。

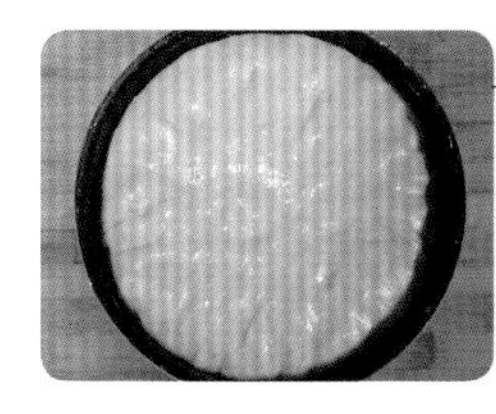

5. 盖好，发酵至体积增大约 1 倍（模具 9 分满）。

6. 在发糕表面摆放 8 颗大枣。

7. 蒸锅放足冷水，把发糕放在蒸屉上，大火烧开，转中火 30 分钟，关火闷 5 分钟出锅。

ZALIANGHETAOHONGZAOFAGAO

杂粮核桃红枣发糕

长得不好看，但我们有内涵，一口咬下去，满满的都是营养呢！

◎ 原料 YUANLIAO

牛奶 250 克
糖 40 克
耐高糖酵母 4 克
中筋面粉 200 克
玉米面 60 克
黄豆面 40 克
小米面 50 克
熟核桃仁碎 50 克
红枣碎 50 克

模具：
8 寸不粘蛋糕模具

二狗妈妈碎碎念

1. 杂粮可以用您喜欢的杂粮粉等量替换，如果没有那么多种杂粮，可以只放玉米面，黄豆面不要添加过多，会有豆腥味儿哟。
2. 不喜欢牛奶，那您放 220 克水替换牛奶也可以。
3. 核桃仁和红枣碎都可以用您喜欢的果干替换。

◎ 做法 ZUOFA

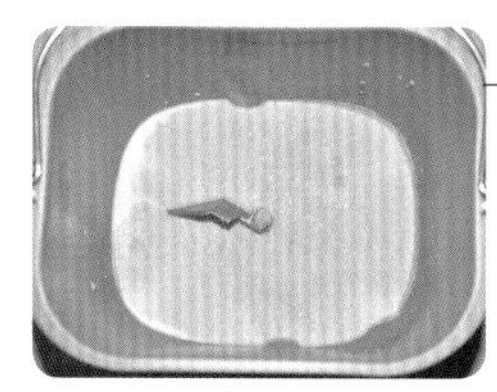

1. 250 克牛奶、40 克糖、4 克耐高糖酵母放入面包机内桶。

2. 加入 200 克中筋面粉、60 克玉米面、40 克黄豆面、50 克小米面。

3. 放入面包机，启动和面程序，和面 10 分钟后，加入 50 克核桃仁碎和 50 克红枣碎。

4. 再和 2 分钟，把核桃和红枣揉进面团就可以了。

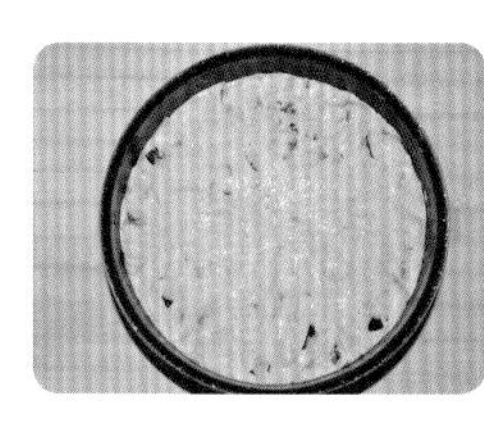

5. 手蘸水，把面团放进 8 寸不粘蛋糕模具中（如果是普通模具，要提前刷油）。

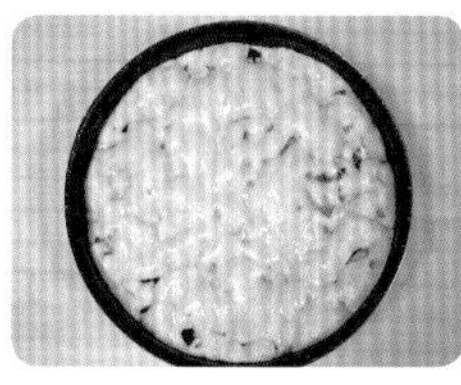

6. 盖好，发酵至体积增大约 1 倍（模具 9 分满）。

7. 蒸锅放足冷水，把发糕放在蒸屉上，大火烧开，转中火 30 分钟，关火闷 5 分钟出锅。

SHENGZHOUZIMIFAGAO
剩粥紫米
发糕
粥剩了怎么办？扔掉多可
惜，那把它揉进发糕里吧，
剩粥瞬间焕发了新活力……

◎ 原料 YUANLIAO

剩粥 350 克
红糖 40 克
耐高糖酵母 4 克
中筋面粉 270 克
紫米粉 100 克
葡萄干若干

模具：
8 寸不粘蛋糕模具

二狗妈妈碎碎念

1. 没有紫米面，可以用等量中筋面粉或杂粮粉替换。
2. 剩粥稠度不一样，您要根据情况调整面粉用量。
3. 表面葡萄干装饰可以用您喜欢的果干替换。

◎ 做法 ZUOFA

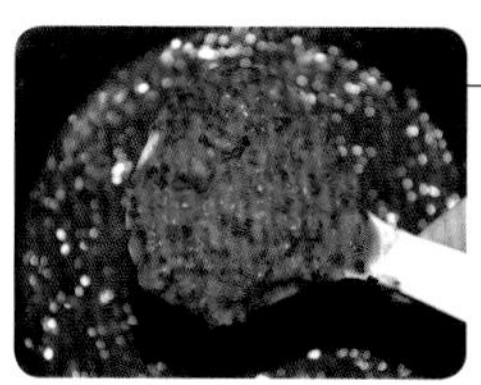

1. 剩粥是这个稠度哟。

2. 350 克剩粥、40 克红糖、4 克耐高糖酵母放入面包机内桶。

3. 加入 270 克中筋面粉、100 克紫米粉。

4. 放入面包机，启动和面程序，和面 10 分钟就可以了。

5. 手蘸水，把面团放进 8 寸不粘蛋糕模具中（如果是普通模具，要提前刷油）。

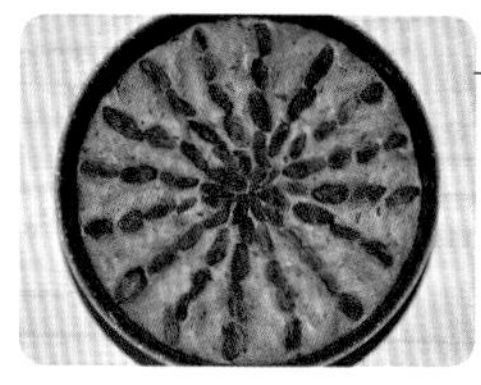

6. 盖好，发酵至体积增大约 1 倍（模具 9 分满），表面装饰葡萄干。

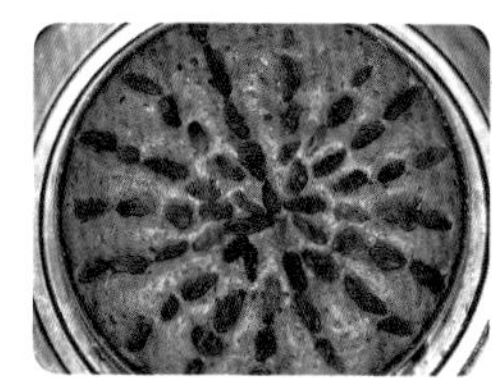

7. 蒸锅放足冷水，把发糕放在蒸屉上，大火烧开，转中火 30 分钟，关火闷 5 分钟出锅。

FENGWOMEIFAGAO

蜂窝煤发糕

好大一个蜂窝煤，可以吃吗？真的可以吃吗？

◎ 原料 YUANLIAO

牛奶 250 克
糖 40 克
耐高糖酵母 4 克
中筋面粉 300 克
黑芝麻粉 60 克
竹炭粉 2 克

模具：
8 寸不粘蛋糕模具

◎ 做法 ZUOFA

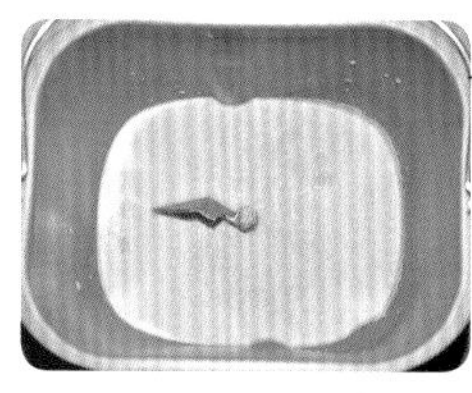

1. 250 克牛奶、40 克糖、4 克耐高糖酵母放入面包机内桶。

2. 加入 300 克中筋面粉、60 克黑芝麻粉、2 克竹炭粉。

3. 放入面包机，启动和面程序，和面 10 分钟就可以了。

4. 手蘸水，把面团放进 8 寸不粘蛋糕模具中（如果是普通模具，要提前刷油）。

5. 盖好，发酵至体积增大约 1 倍（模具 9 分满）。

6. 蒸锅放足冷水，把发糕放在蒸屉上，大火烧开，转中火 30 分钟，关火闷 5 分钟出锅。

二狗妈妈碎碎念

1. 没有竹炭粉也可以不加，不过颜色没有那么黑哟。
2. 出锅后的发糕放凉后，用粗吸管插出蜂窝煤的孔，就像蜂窝煤啦。
3. 喜欢黑芝麻颗粒口感的，可以在第 2 步骤时加入 20 克左右的黑芝麻粒。

WUCAIFAGAO

五彩发糕

五种颜色，营养多多……

◎ 原料 YUANLIAO

紫色面团：
紫薯 100 克
水 100 克
糖 8 克
耐高糖酵母 1 克
中筋面粉 80 克

绿色面团：
菠菜 100 克
水 100 克
糖 8 克
耐高糖酵母 1 克
中筋面粉 80 克

橙色面团：
胡萝卜 100 克
水 100 克
糖 8 克
耐高糖酵母 1 克
中筋面粉 80 克

黄色面团：
南瓜泥 100 克
水 50 克
糖 8 克
耐高糖酵母 1 克
中筋面粉 80 克

白色面团：
水 60 克
糖 8 克
耐高糖酵母 1 克
中筋面粉 80 克

模具：
8 寸不粘蛋糕模具

◎ 做法 ZUOFA

1. 100 克紫薯加 100 克水打碎；100 克菠菜焯水后加 100 克水打碎；100 克胡萝卜切片加 100 克水打碎；100 克蒸熟凉透的南瓜泥加 50 克水打碎备用。

2. 紫色面团：90 克紫薯糊、8 克糖、1 克耐高糖酵母、80 克中筋面粉揉成紫色面团。

3. 绿色面团：50 克菠菜糊、8 克糖、1 克耐高糖酵母、80 克中筋面粉揉成绿色面团。

4. 橙色面团：50 克胡萝卜糊、8 克糖、1 克酵母、80 克中筋面粉揉成橙色面团。

5. 黄色面团：60 克南瓜糊、8 克糖、1 克耐高糖酵母、80 克中筋面粉揉成黄色面团。

6. 白色面团：60 克水、8 克糖、1 克耐高糖酵母、80 克中筋面粉揉成白色面团。

7. 分别擀成圆片。

8. 按您喜欢的颜色顺序码放在 8 寸不粘圆形蛋糕模具中（如果是普通模具，要提前刷油）。

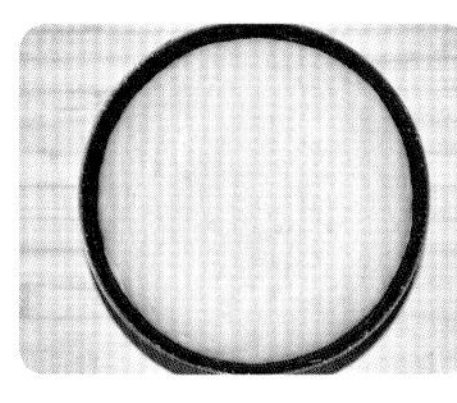

9. 盖好，发酵至体积增大约 1 倍（模具 9 分满）。

10. 蒸锅放足冷水，把发糕放在蒸屉上，大火烧开，转中火 30 分钟，关火闷 5 分钟出锅。

二狗妈妈碎碎念

1. 打好的彩色糊糊肯定用不完，剩下的可以参考 P226“五彩宽面条”。
2. 如果喜欢更多口感，可以在每种颜色面片中间放一些果干。

CHAPTER 7

面条

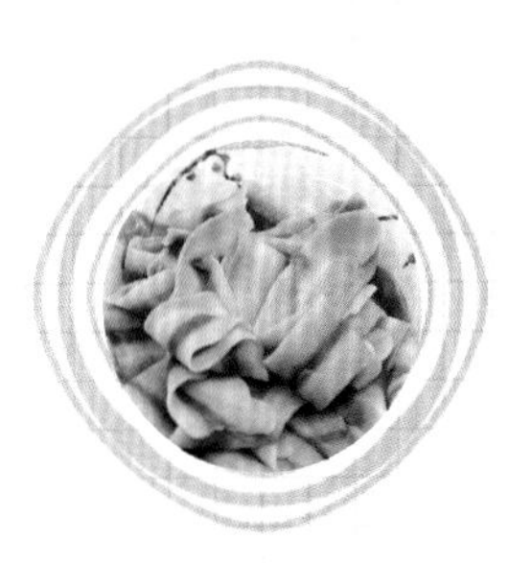

我爱吃面条，各种面条都非常喜欢，小时候每次生病，妈妈都给我端一碗热热的面条，一碗下去，大汗淋漓，病都会好了一半呢 ~~~

对面条的热爱一直有增无减，现在，面条已经是我家餐桌上的常客……

本章节收录的面条，也是我常做的几款，我喜欢把蔬果汁放进面条，不仅为了颜色好看，也是为了营养更多。面条的面团要硬一些才够筋道哟。

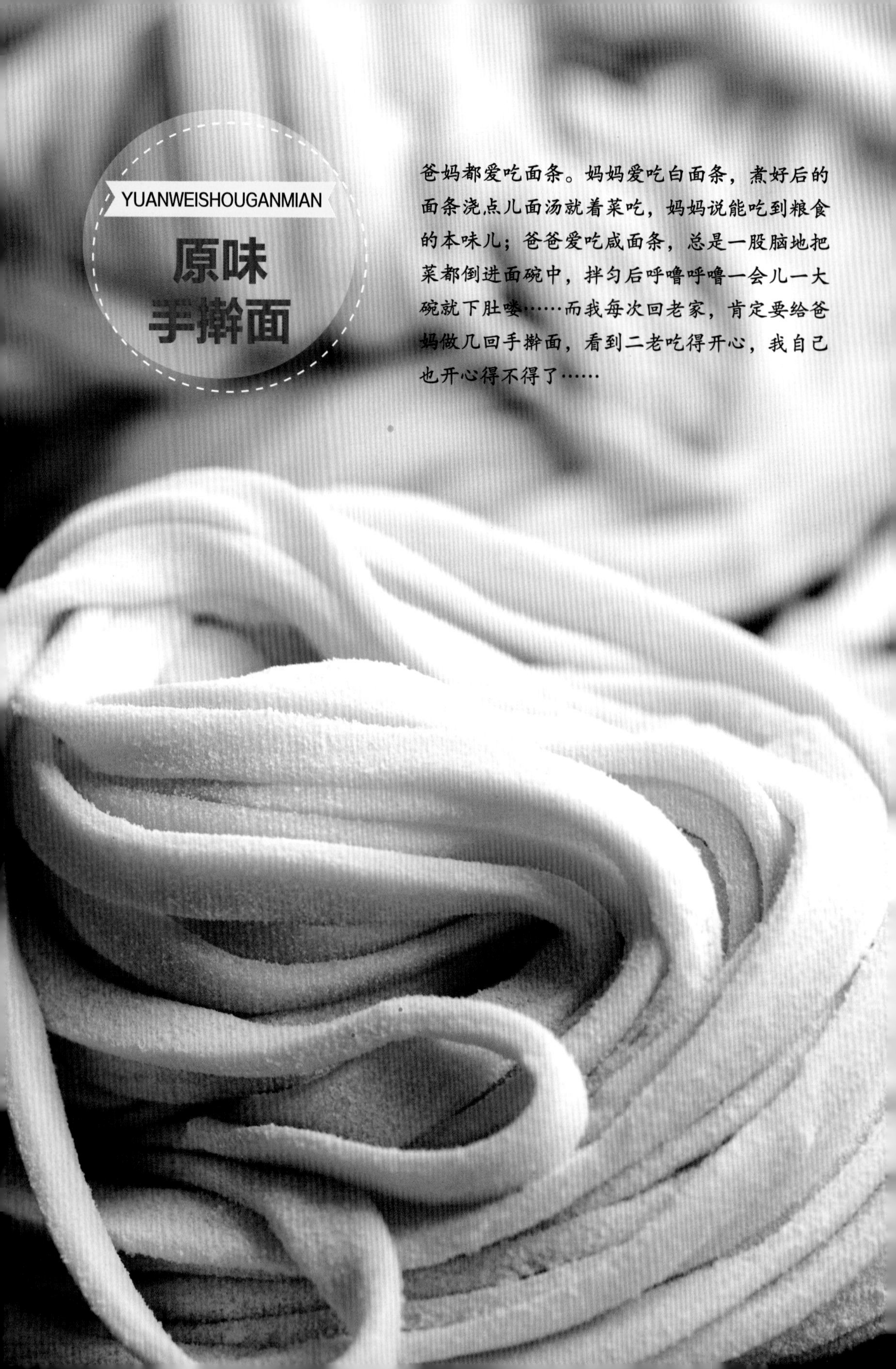

YUANWEISHOUGANMIAN

原味手擀面

爸妈都爱吃面条。妈妈爱吃白面条，煮好后的面条浇点儿面汤就着菜吃，妈妈说能吃到粮食的本味儿；爸爸爱吃咸面条，总是一股脑地把菜都倒进面碗中，拌匀后呼噜呼噜一会儿一大碗就下肚喽……而我每次回老家，肯定要给爸妈做几回手擀面，看到二老吃得开心，我自己也开心得不得了……

◎ 原料 YUANLIAO

牛奶 200 克
鸡蛋 1 个
盐 3 克
中筋面粉 440 克

二狗妈妈碎碎念

1. 面团比较硬，揉的时候可以把面絮放案板上使劲揉在一起，如果不光滑，可静置 10 分钟后再揉几下就光滑了。
2. 牛奶可以用 160 克水替换。
3. 一次吃不完的面条可以先不煮，用保鲜袋装好放入冰箱冷冻，下次吃不用解冻，直接煮就可以啦。

◎ 做法 ZUOFA

1. 200 克牛奶倒入盆中，加入 1 个鸡蛋和 3 克盐搅匀。

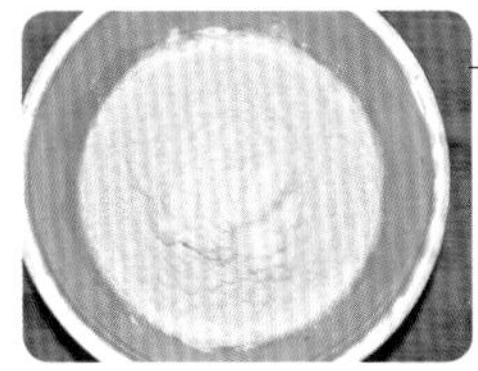

2. 加入 440 克中筋面粉。

3. 努力和成面团，盖好静置 60 分钟以上。

4. 把静置后的面团放案板上揉光滑。

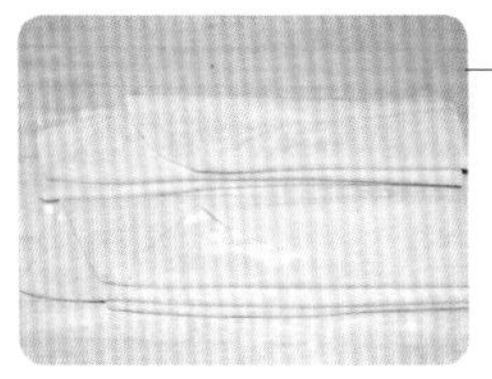

5. 擀成大薄片，折成扇页形状，为了好切，我在中间又切了一刀。

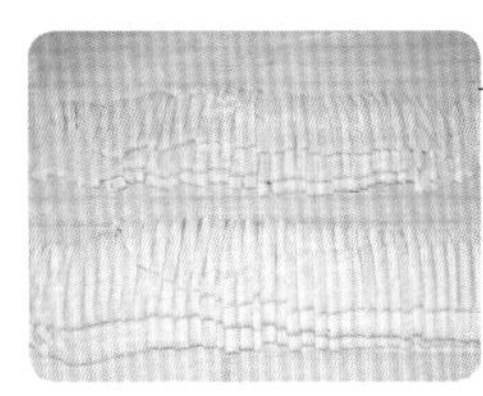

6. 按您喜欢的宽度切成面条。

7. 加面粉，抖散。

8. 煮熟后，拌上自己喜欢的菜，就可以开动啦。

BOCAISHOUGANMIAN

菠菜手擀面

吃一口绿色的面条，是不是就吃到了春天呢？

◎ 原料 YUANLIAO

菠菜 160 克
水 180 克
盐 3 克
中筋面粉 360 克

二狗妈妈碎碎念

1. 面粉吸水性不同，感受一下面团的软硬度，一定要比较硬，这样擀出的面条才筋道好吃。
2. 喜欢面条颜色再绿一些，那就增加菠菜用量，减少水量哟。
3. 不喜欢菠菜，换其他蔬菜也可以，比如苋菜、油菜、小白菜。

◎ 做法 ZUOFA

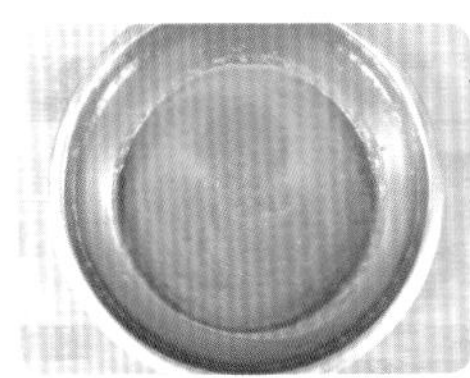

1. 160 克菠菜焯水后，攥干水分，加入 180 克水打成菠菜糊，取 200 克倒入盆中。

2. 加入 3 克盐、360 克中筋面粉。

3. 醒好的面团放案板上揉光滑，盖好静置至少 30 分钟。

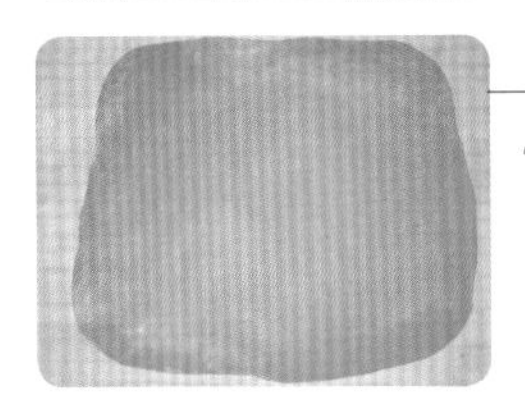

4. 案板上撒面粉，面团放案板上揉匀，擀成大薄片。

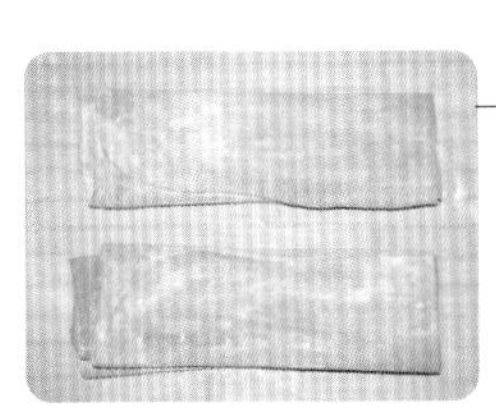

5. 面片上撒面粉，折成扇页状，一分为二。

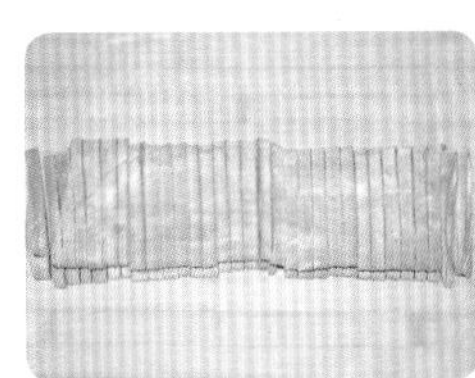

6. 切成您喜欢的宽度。

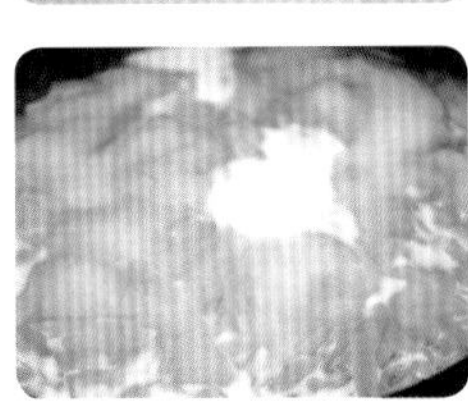

7. 煮熟。

8. 加上您喜欢的菜拌匀就可以了。

NANGUASHOUGANMIAN

南瓜手擀面

有了南瓜，面条也变得好看起来，金灿灿的颜色，看着就非常有食欲……

◎ 原料 YUANLIAO

南瓜泥 100 克
水 100 克
盐 3 克
中筋面粉 360 克

二狗妈妈碎碎念

1. 面团比较硬，觉得不好揉的时候，放在案板上揉。
2. 南瓜泥含水量不同，注意面粉用量。

◎ 做法 ZUOFA

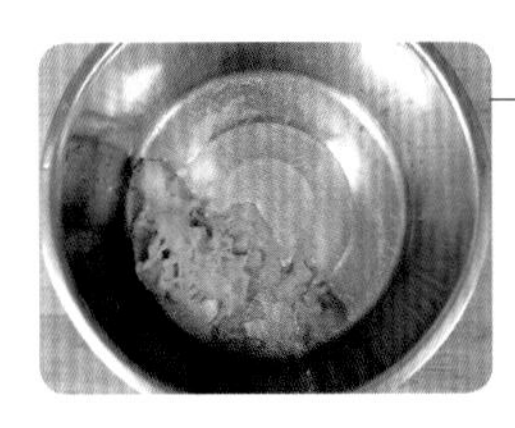

1. 100 克蒸熟凉透的南瓜泥加 100 克水、3 克盐，放入盆中。

2. 加入 360 克中筋面粉。

3. 搅匀后揉成面团，盖好静置至少 30 分钟。

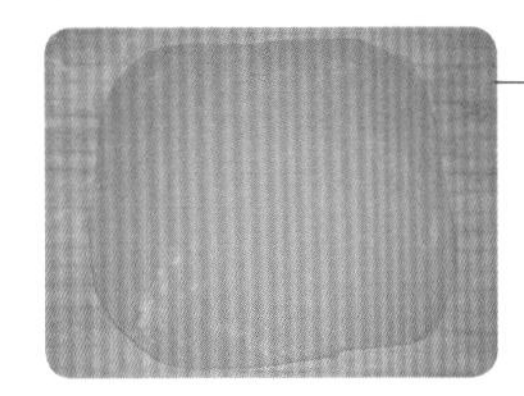

4. 案板上撒面粉，面团放案板上揉匀，擀成大薄片。

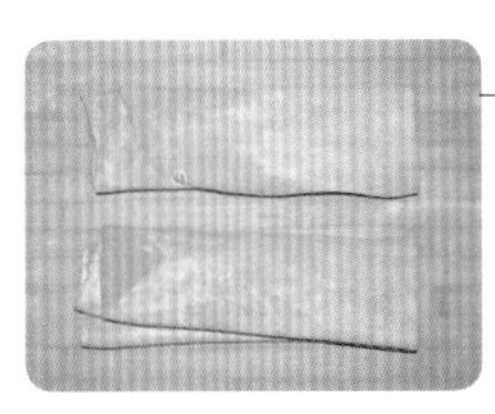

5. 面片上撒面粉，折成扇页状，一分为二。

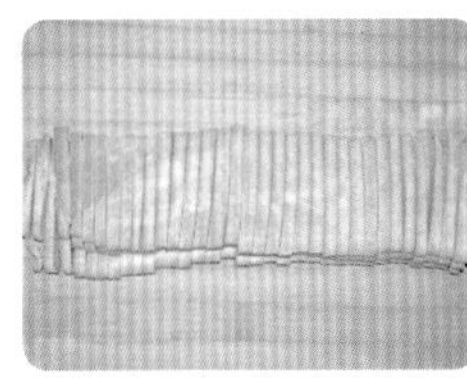

6. 切成您喜欢的宽度。

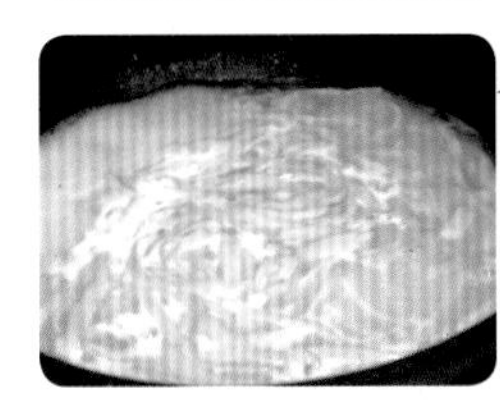

7. 煮熟。

8. 加上您喜欢的菜拌匀就可以了。

ZISHUMIANTIAO

紫薯面条（压面机版）

满满的花青素，满眼的紫色，
看着就赏心悦目……

◎ 原料 YUANLIAO

熟紫薯 200 克
水 260 克
中筋面粉 520 克
盐 3 克

工具：
压面机

二狗妈妈碎碎念

1. 只要把紫薯糊和面粉搅成絮状就行啦，不需要和成面团。
2. 在压面片的时候，一定要压到非常光滑才可以进行下一挡压制。
3. 特意把方子量加大，是因为好不容易开动一次压面机，那就多做一些，分份装袋，冰箱冷冻保存，下次用时会很方便。

◎ 做法 ZUOFA

1. 200 克蒸熟凉透的紫薯加 260 克水打碎，取 380 克紫薯糊倒入盆中，加入 3 克盐搅匀。

2. 加入 520 克中筋面粉。

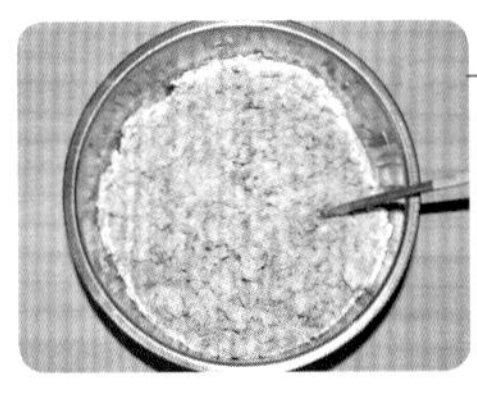

3. 搅成絮状，盖好，静置 30 分钟。

4. 压面机开 1 挡，把面絮放进去，压出来面片。

5. 刚压出来的厚片非常不光滑，折叠后继续压。

6. 反复压了十几遍后，面片已经非常光滑。

7. 压面机开 2 挡，压四五遍后，开 3 挡，再压四五遍。

8. 压好的面片。

9. 压面机改成切面条出口，把面片送进去，面条就出来啦。

HULUOBOMIANTIAO

胡萝卜面条（压面机版）

很多宝宝不爱吃胡萝卜，觉得有怪味，那把它做进面条里，就吃不出来胡萝卜味儿了，但是营养却丝毫没有打折哟……

◎ 原料 YUANLIAO

胡萝卜 160 克
水 200 克
中筋面粉 450 克
盐 3 克

工具：
压面机

二狗妈妈碎碎念

1. 只要把胡萝卜汁和面粉搅成絮状就行啦，不需要和成面团。
2. 在压面片的时候，一定要压到非常光滑才可以进行下一挡压制。
3. 特意把方子量加大，是因为好不容易开动一次压面机，那就多做一些，分份装袋，冰箱冷冻保存，下次用时会非常方便。

◎ 做法 ZUOFA

1. 160 克胡萝卜加 200 克水打碎后过滤，取 200 克胡萝卜汁放入盆中，加入 3 克盐搅匀。

2. 加入 450 克中筋面粉。

3. 搅成絮状，盖好静置 30 分钟。

4. 压面机开 1 挡，把面絮放进去压成厚片。

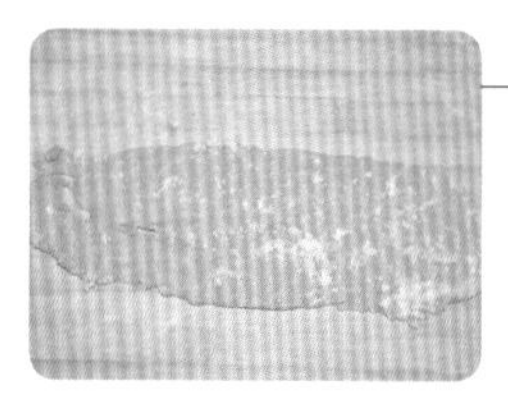

5. 刚压出来的厚片非常不光滑，折叠后继续压。

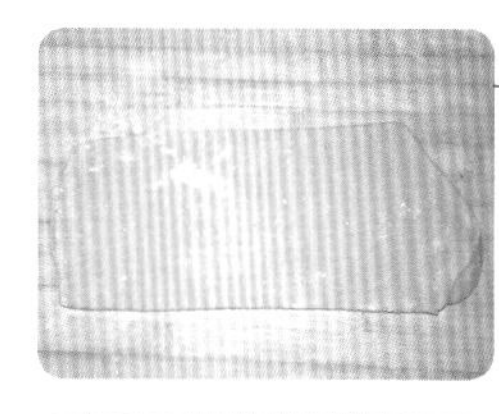

6. 反复压了十几遍后，面片已经非常光滑。

7. 压面机开 2 挡，压四五遍后，开 3 挡，再压四五遍。

8. 压好的面片。

9. 压面机改成切面条出口，把面片送进去，面条就出来啦。

WUCAIKUANMIANTIAO
五彩
宽面条
看，我把彩虹吃进肚子里啦！

◎ 原料 YUANLIAO

紫色面团：
紫薯 100 克
水 100 克
中筋面粉 100 克

绿色面团：
菠菜 100 克
水 100 克
中筋面粉 100 克

橙色面团：
胡萝卜 100 克
水 100 克
中筋面粉 100 克

黄色面团：
南瓜泥 100 克
水 50 克
中筋面粉 100 克

白色面团：
牛奶 50 克
中筋面粉 100 克

◎ 做法 ZUOFA

1. 100 克紫薯加 100 克水打碎；100 克菠菜焯水后加 100 克水打碎；100 克胡萝卜切片加 100 克水打碎；100 克蒸熟凉透的南瓜泥加 50 克水打碎，备用。

2. 紫色面团：80 克紫薯糊、100 克中筋面粉揉成紫色面团。

3. 绿色面团：50 克菠菜糊、100 克中筋面粉揉成绿色面团。

4. 橙色面团：50 克胡萝卜糊、100 克中筋面粉揉成橙色面团。

5. 黄色面团：60 克南瓜糊、100 克中筋面粉揉成黄色面团。

二狗妈妈碎碎念

1. 打好的各色糊糊用不完的，您可以参考 P212“五彩发糕”。
2. 五种颜色面片叠放在一起，一定要刷水黏合。
3. 步骤 8，擀面要稍厚一些，切的面条也要稍宽一些。
4. 煮的时间不能过长，开锅几十秒就熟啦。

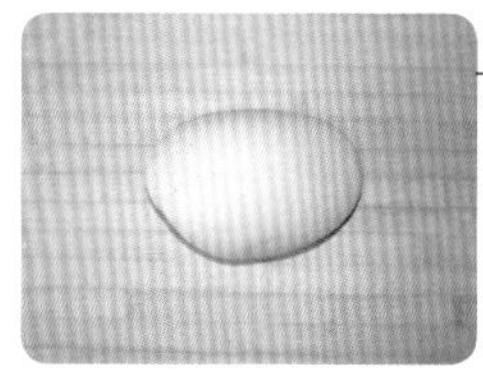

6. 白色面团：50 克牛奶、100 克中筋面粉揉成白色面团。

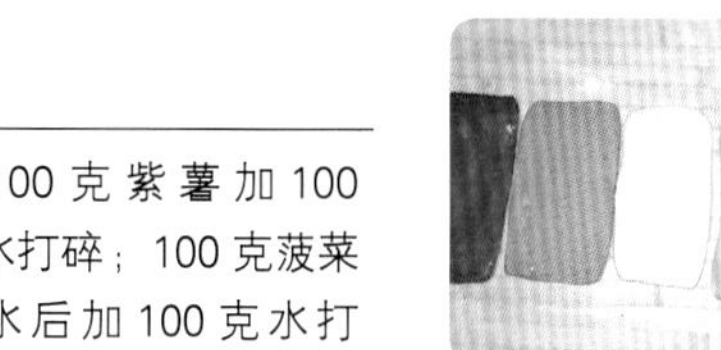

7. 五彩面团盖好醒 30 分钟后，分别擀成大小基本一致的面片。

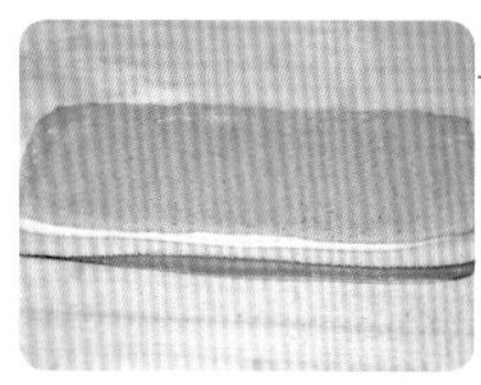

8. 刷水后叠放起来，再稍擀开。

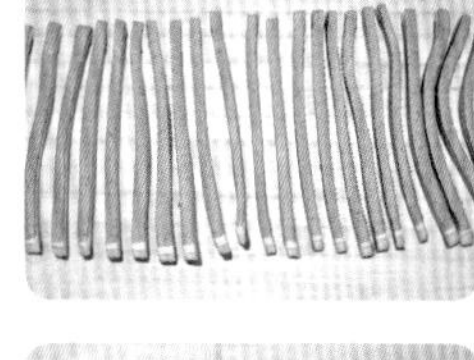

9. 切成约 6 毫米宽的面条。

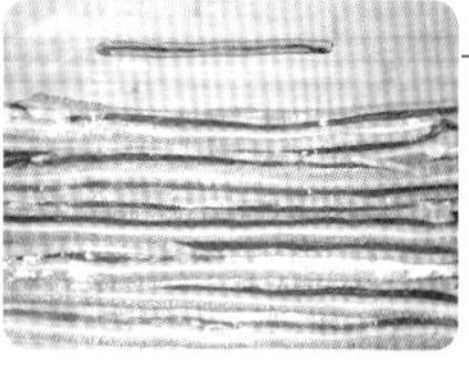

10. 把切面朝上，擀开。

11. 开水下锅，煮熟。

YOUPOCHEMIAN

油泼扯面

我喜欢“刺啦”那一声油泼，辣椒的香气顿时飘散开来……

◎ 原料 YUANLIAO

面条：
水 160 克
盐 2 克
中筋面粉 300 克

配料：
黄豆芽少许
青菜少许
生抽 15 克
醋 10 克
香葱碎 5 克
蒜末 5 克
辣椒面少许
芝麻少许
花椒粒五六颗
油少许

◎ 做法 ZUOFA

1. 160 克水、2 克盐、300 克中筋面粉放入盆中。

2. 揉成面团，盖好，醒 10 分钟。

3. 再次揉匀，此时面团表面非常光滑，盖好，静置 60 分钟。

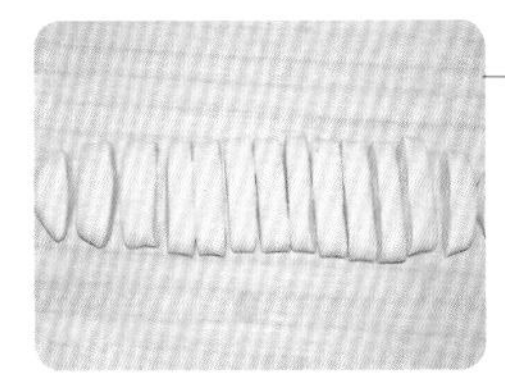

4. 把面团放案板上揉长按扁，切成小段。

5. 取一个面段，按扁后中间用筷子压一下（面段的宽度决定了面条的宽度，喜欢宽一点的要比我这个宽哟）。

6. 抹油后放在容器里面，盖好，再静置 30 分钟。

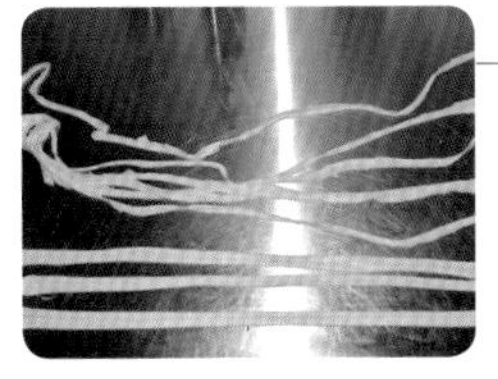

7. 两手抻拉面段，可以直接抻长就行了（图片下方的面条是直接抻长的），也可以从筷子压的那个印把面条扯开（图片上方的面条是扯开的）。

8. 开水下锅，煮熟。

9. 把面条过凉水后盛在碗中，再烫一些黄豆芽和油菜放入碗中。加入 15 克生抽、10 克醋、5 克香葱碎和 5 克蒜末以及少许辣椒面和芝麻。

10. 锅中放 30 克左右油，加三四粒花椒烧热，泼在辣椒面上，拌匀。

二狗妈妈碎碎念

1. 面粉要选用筋度较高的面粉，我用的是麦芯粉。
2. 静置时间一定要到位，不然不容易抻长。
3. 配菜可以按您的喜好调整。
4. 油一定要烧热，浇在辣椒面上才好吃。

CHAPTER

8

其他

油条和窝头，是本章节的重点。

油条分为酵母版和泡打粉版，相比较而言，酵母版做出来的油条，孔洞不会很大，较密实，口感较扎实；而泡打粉版做出来的油条，孔洞较大，口感更松软。无论是哪款做出来的油条，我认为都比外卖的更健康哟。

窝头也做了两款，都是放了很多粗粮，虽然粗粮占比很大，吃起来却不会觉得干硬，越吃越香呢……

西葫芦糊塌子是北京的一道小吃，简单快捷味道很好呢！

YOUTIAO

油条（酵母版）

油条豆浆，这是我一直以来都喜欢的早餐搭配。自己做油条，不加任何的添加剂，吃着放心！

◎ 原料 YUANLIAO

牛奶 200 克
鸡蛋 1 个
油 30 克
盐 4 克
酵母 5 克
中筋面粉 380 克

二狗妈妈碎碎念

1. 可以前一天把面和好放入冰箱冷藏，第二天早上起来炸油条，这样节省时间呢。
2. 炸制的油温不可以太低（容易吸油），又不能过高（容易外表黄了，内心还不熟），保持中火就可以啦。
3. 酵母版的油条，气孔不大。如果喜欢吃气孔大一些的油条，请参考 P234。

◎ 做法 ZUOFA

1. 200 克牛奶、1 个鸡蛋、30 克油、4 克盐、5 克酵母搅匀后加入 380 克中筋面粉，揉成面团，盖好，放温暖地方发酵约 60 分钟。

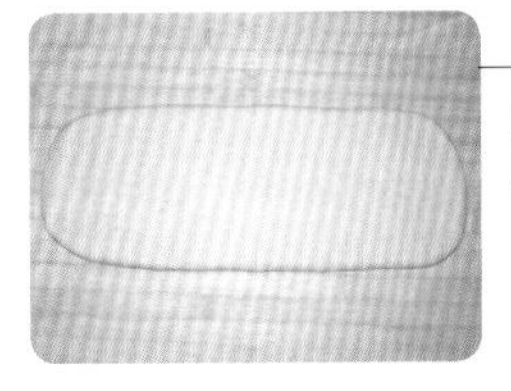

2. 把面团在案板上稍揉，整理成长方形。

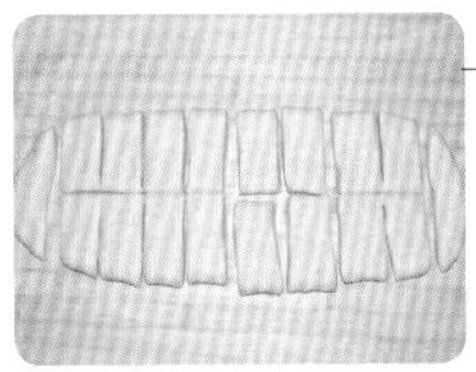

3. 切成宽条（约 4 厘米宽）。

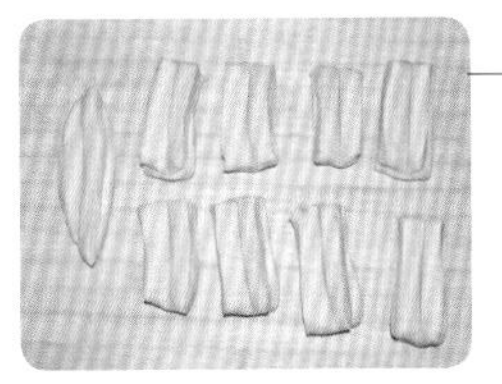

4. 两条叠放在一起，用筷子压一下。

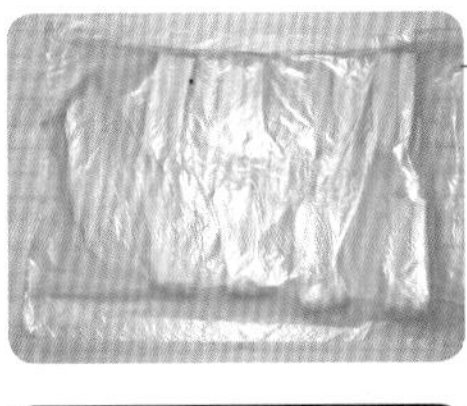

5. 盖好，静置 10 分钟。

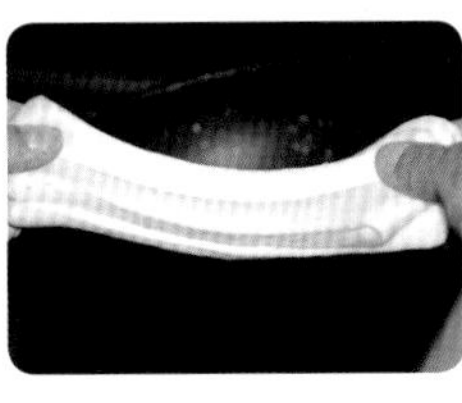

6. 大火烧热油锅，转中火，下入油条生坯。

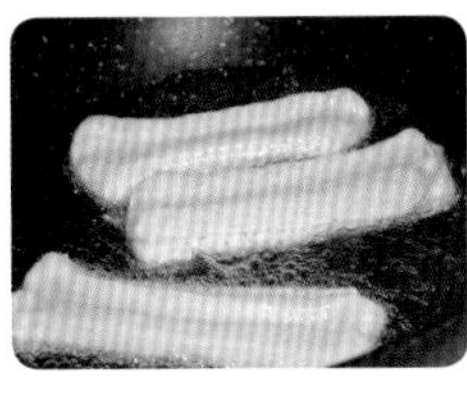

7. 下入油锅后，及时翻动油条。

8. 炸至两面金黄就可以出锅啦！

YOUTIAO

油条（泡打粉版）

这款油条的好吃程度可以用最直观的数据做对比哦：如果吃馒头，先生早饭只吃半个，如果我做这款油条，他可以吃 3 根！

◎ 原料 YUANLIAO

牛奶 150 克
鸡蛋 1 个
植物油 10 克
盐 3 克
中筋面粉 270 克
无铝泡打粉 3 克
小苏打 2 克

二狗妈妈碎碎念

1. 泡打粉一定选用无铝的哟，网上均有售卖。
2. 用拳头蘸水去砸面团这一步骤很重要，为了让面团更滋润，和好的面团会更有韧度。

◎ 做法 ZUOFA

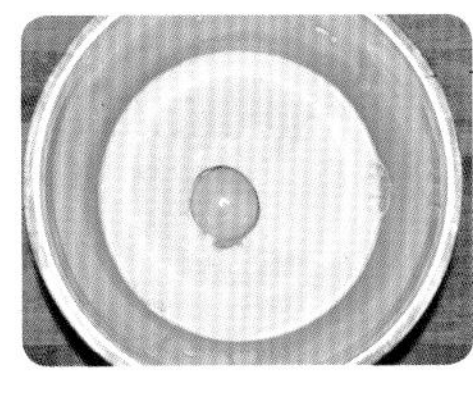

1. 150 克牛奶、1 个鸡蛋、10 克植物油、3 克盐放入盆中。

2. 搅匀后加入 270 克中筋面粉、3 克无铝泡打粉、2 克小苏打。

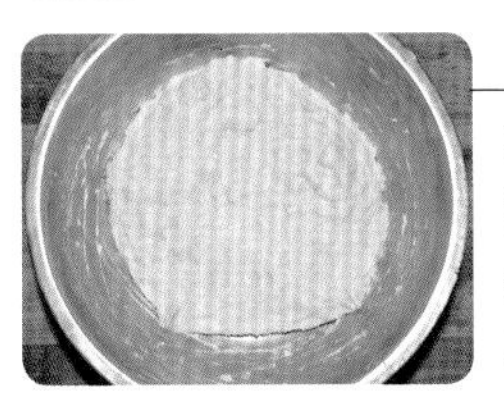

3. 和成面团后，拳头蘸水把面团砸匀，盖好静置 1 小时（或者冷藏过夜）。

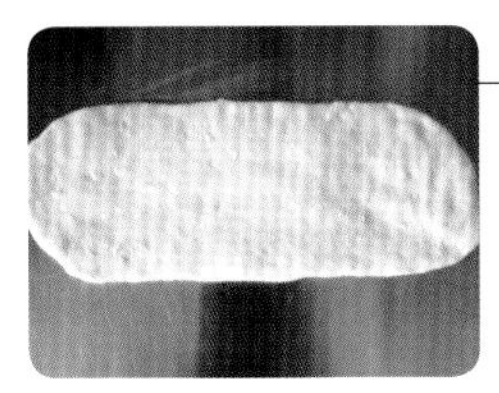

4. 案板上抹油，面团放在案板上按扁拉长。

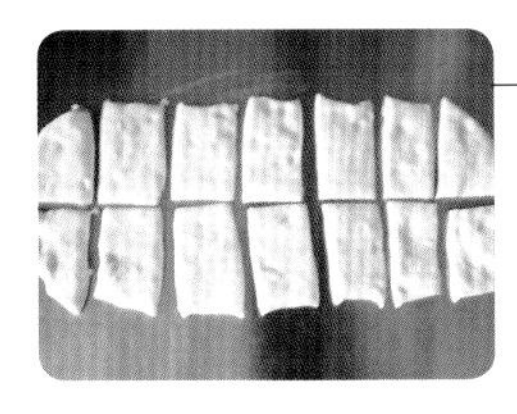

5. 切小段。

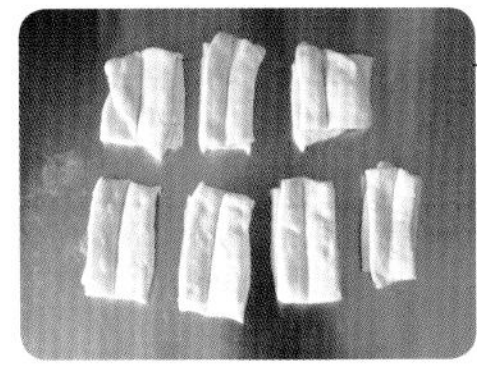

6. 两个面段叠放一起，用筷子在中间压一下。

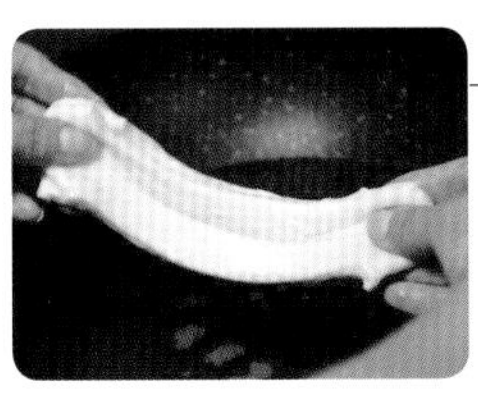

7. 大火烧热油锅，转中火，下入油条生坯。

8. 炸至两面金黄就可以出锅啦！

NIUNAINUOMIYUMIMIANHONGZAOWOTOU

牛奶糯米玉米面红枣窝头

糯糯的，甜甜的，窝头其实可以很好吃呀！

◎ 原料 YUANLIAO

牛奶 120 克
糖 20 克
酵母 2 克
玉米面 150 克
糯米面 50 克
红枣碎 40 克

二狗妈妈碎碎念

1. 和好的面团感受一下软硬度，稍硬一点容易造型哟。
2. 家里老人不能吃糖的，可以把糖减掉，如果觉得吃糯米面不容易消化，那就用玉米面等量替换。
3. 捏窝头的时候双手蘸水，不会粘手哟。

◎ 做法 ZUOFA

1. 120 克牛奶、20 克糖、2 克酵母搅匀。

2. 放入 150 克玉米面、50 克糯米面、40 克红枣碎。

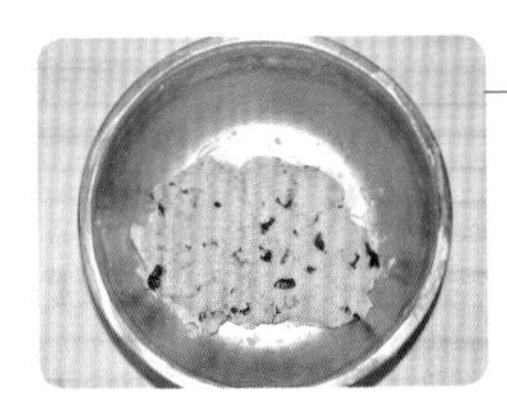

3. 抓匀成面团，盖好，放温暖地方发酵约 60 分钟。

4. 双手蘸水，把面团做成窝头。

5. 蒸锅放足冷水，蒸屉刷油，把窝头码放在蒸屉上，盖好静置 15 分钟。大火烧开，转中火蒸制 12 分钟。关火后闷 5 分钟再出锅。

DOUZHAZALIANGMIDOUWOTOU

豆渣杂粮蜜豆窝头

打豆浆剩下的豆渣可是好东西，千万别扔掉，做一款营养丰富的窝头吧！

◎ 原料 YUANLIAO

豆渣 250 克
糖 20 克
酵母 3 克
玉米面 150 克
小米面 30 克
黄豆面 30 克
绿豆面 30 克
紫米面 60 克
蜜豆 60 克

二狗妈妈碎碎念

1. 杂粮面除了玉米面之外随您调整，但黄豆面不建议放很多，会有豆腥味儿哟。
2. 豆渣稀稠度不一样，您要根据实际情况调整面粉用量，和好的面团稍微硬一点更容易造型。

◎ 做法 ZUOFA

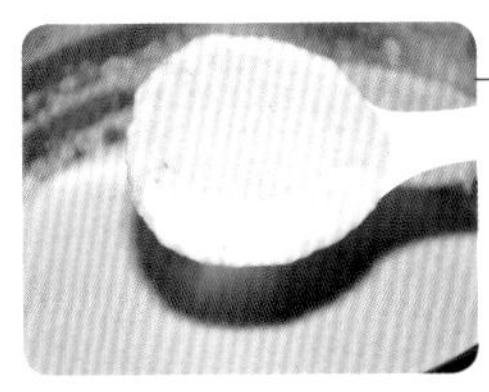

1. 图示稠度的豆渣。

2. 250 克豆渣放入盆中，加入 20 克糖、3 克酵母搅匀。

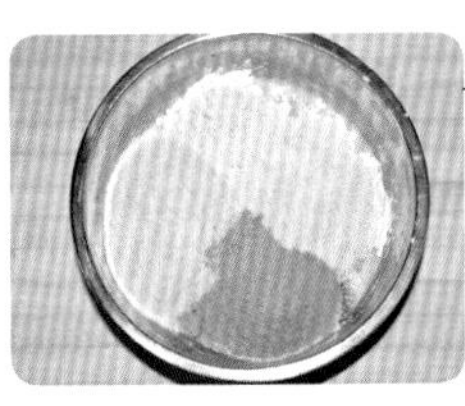

3. 再加入 150 克玉米面、30 克小米面、30 克黄豆面、30 克绿豆面、60 克紫米面。

4. 用手抓匀，和成面团，盖好，放温暖地方发酵约 60 分钟。

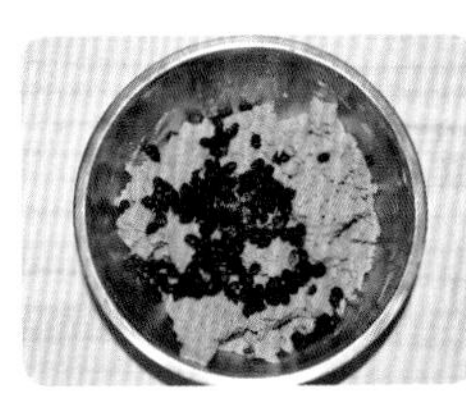

5. 发酵好的面团里加入 60 克蜜豆抓匀。

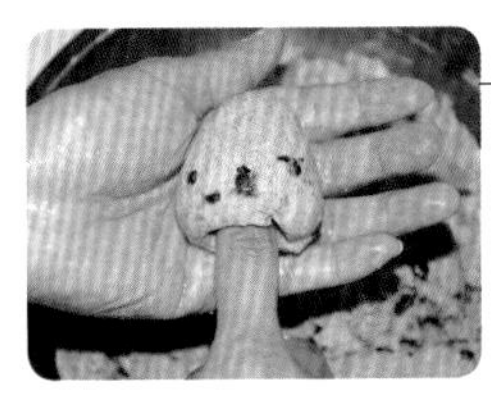

6. 双手蘸水，把面团做成窝头。

7. 蒸锅放足冷水，蒸屉刷油，把窝头码放在蒸屉上，盖好静置 15 分钟。大火烧开，转中火蒸制 12 分钟。关火后闷 5 分钟再出锅。

XIHULUHUTAZI

西葫芦糊塌子

超级简单便捷的一道美食，
营养却丝毫不简单哟……

◎ 原料 YUANLIAO

西葫芦 300 克
鸡蛋 2 个
中筋面粉 80 克
盐 3 克
花椒粉少许

◎ 做法 ZUOFA

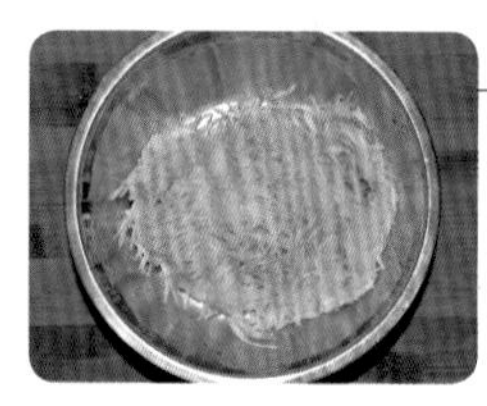

1. 1 个中等大小的西葫芦擦丝（约 300 克）。

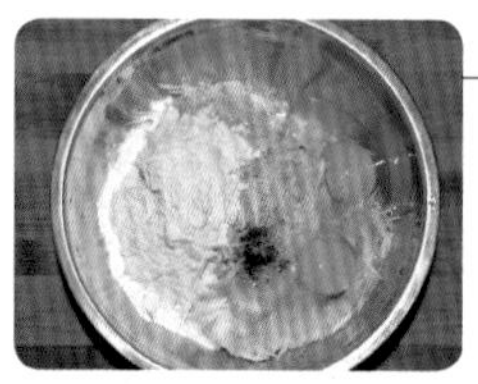

2. 加入 2 个鸡蛋、80 克中筋面粉、3 克盐、少许花椒粉。

3. 搅匀，静置 15 分钟。

4. 15 分钟后，面糊明显变稀。

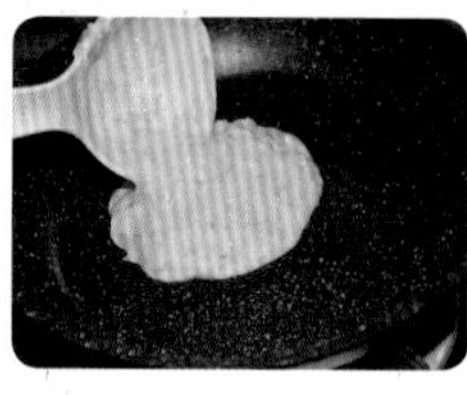

5. 不粘平底锅大火烧热转小火，舀一勺面糊倒入锅中。

6. 用铲子迅速摊平。

7. 待表面凝固后，翻面，再烙约 1 分钟出锅。

二狗妈妈碎碎念

1. 西葫芦要选用嫩的，这样连皮带瓤都可以吃，可以根据自己喜好增加胡萝卜丝。
2. 花椒粉可以用五香粉替换，也可以不放。
3. 面糊搅匀后，静置的步骤一定不能少，您会发现静置后面糊会变稀很多哟。